R을 이용한 누구나 하는 통계분석

안재형 지음

한나래 아카데미

R을 이용한 누구나 하는 통계분석

2011년 1월 15일 1판 1쇄 박음
2019년 3월 20일 1판 14쇄 펴냄

지은이 | 안재형
펴낸이 | 한기철

펴낸곳 | 한나래출판사
등록 | 1991. 2. 25. 제22-80호
주소 | 서울시 마포구 토정로 222, 한국출판콘텐츠센터 309호
전화 | 02) 738-5637 · 팩스 | 02) 363-5637 · e-mail | hannarae91@naver.com
www.hannarae.net

ISBN 978-89-5566-110-1 94310

* 이 도서의 국립중앙도서관 출판예정도서목록(CIP)은 서지정보유통지원시스템 홈페이지(http://seoji.nl.go.kr)와 국가자료공동목록시스템(http://www.nl.go.kr/kolisnet)에서 이용하실 수 있습니다.(CIP제어번호: CIP2010004071)

콩콩이와 잠탱이에게

2011년에 처음 책이 출간된 이래 8년의 세월이 흘렀다. 그동안 독자들의 큰 사랑을 받아 2018년에는 13쇄가 출간되었다. 증쇄를 거듭하는 동안 자잘한 오류들을 조금씩 고쳐왔지만 R 버전이 바뀌면서 행태가 바뀐 함수도 있고, 퇴출된 패키지도 있고, 결과물이 다소 바뀐 경우도 있다. 그래서 이번에 R의 변화는 물론이고 열혈 독자들이 발견해준 오류들을 반영하여 전체적으로 내용을 수정 · 보완한 14쇄를 내놓게 되었다.

지난 8년 동안 상당히 많은 변화가 있었다. R의 사용자는 점점 늘어났고, Stata가 사회과학 분야에서 한자리를 차지하게 되었다. 사회 전반적으로 빅데이터 붐이 일면서 데이터 과학자(data scientist)라는 직업이 크게 부각되었다. 데이터 분석 프로그램으로 R과 함께 의외의 복병 Python이 각광받기 시작했고 SQL의 중요성이 부각되었다. 반면 SAS는 점점 설 자리를 잃어가고 있다.

빅데이터 붐에 힘입어 비인기학과였던 통계학과가 한국, 미국에서 단연 최고 인기학과로 떠올랐다. 그 결과 미국 대학 통계 관련 학과의 경우 유학의 문이 심하게 좁아지는 현상마저 발생하게 되었다.

연구비가 풍부한 미국에서는 연구자들이 통계분석을 위해 SAS나 SPSS 같은 비싼 통계패키지의 라이선스 비용을 지불하고 통계분석가를 고용한다. 그러나 우리나라와 같이 연구비가 제한된 환경에서는 R과 같은 무료 통계패키지를 사용하여 연구자가 직접 데이터를 분석하는 것이 보다 현실적이다.

일반적으로 데이터 분석 시에 95%의 시간은 수행하고자 하는 분석에 맞게 데이터를 조작하는 데 사용된다고 한다. 따라서 애초에 데이터가 분석에 맞게 입력된다면, 추가적인 데이터 조작에 낭비되는 막대한 시간을 절약할 수 있다. 이 책의 목적은 데이터 입력과 분석 과정을 단순화시켜 전공자가 아니더라도 쉽게 통계분석을 하고 결과를 해석할 수 있도록 도와주는 데 있다. 데이터 입력이 이 책에서 권장하는 대로 된다면 단 한 줄의 명령어로 데이터를 읽고, 고품질 그래프를 그리고, 데이터를 분석할 수 있을 것이다. 인터넷 서점이나 카페에 올라온 독자들의 반응 중에 '책에 있는 대로 따라하니 된다'라는 글이 많은 걸 보면, 이 목적은 어느 정도 달성한 듯하여 감사하고 뿌듯하다. Simulation과 같이 난이도가 다소 높은 토픽에는 '*'를 붙여놓았으니 초급자들의 경우 어렵다면 우선 건너뛰고 나중에 다시 학습하길 바란다.

개구리가 올챙이 시절 모른다는 말이 있듯이, 솔직히 생물통계학(biostatistics) 박사 학위를 받고 나니 기초통계학을 배우던 시절의 어려움이 기억날 리가 없다. 꽤 오랜 시간 동안 네이버 지식iN에 2000개가 넘는 통계 관련 댓글을 달아 신의 경지에 오르면서 비전공자와 어느 정도 눈높이를 맞출 수 있었기에 이 책이 가능할 수 있었다.

필자가 운영하는 카페(http://cafe.daum.net/biometrika)에 이 책에 사용된 모든 데이터와 R 코드는 물론, 그동안 독자들과 주고받은 수많은 질문과 답변의 역사가 기록되어 있으니 자주 방문하여 질문과 개선점을 남겨주시기 바란다. 소통의 과정을 통해 함께 발전하는 방향으로 나아가길 기대한다.

카페 공동운영자이신 문건웅 선생님과 강성찬 선생님, 함께 성장하고 있는 모든 회원님들, 항상 격려와 적절한 조언으로 이끌어주시는 한나래출판사 조광재 상무님, 한기철 사장님께 감사의 마음을 전한다.

2019년 3월

노스캐롤라이나주 캐리에서 안재형

차 례

제 1 장 시작하기 **15**

1.1 설치하기 15

1.2 맛보기 16

1.3 데이터의 변수들을 이용하기 21

1.4 데이터 입력하기 22

1.5 데이터 읽기 23

1.6 연습 24

제 2 장 기술통계(Descriptive Statistics) **25**

2.1 모집단(Population)과 표본(Sample) 25

2.2 평균, 분산, 표준편차, 변동계수 25

2.3 중위수(Median), 사분위수(Quartiles) and Boxplot 28

2.4 More Graphs 31

2.5 함수 만들기 * 33

2.6 Simulation * 34

2.7 연습 36

제 3 장 가설과 검정 **37**

3.1 가설설정 37

3.2 검정통계량(Test Statistic) 38

3.3 유의수준(Level of Significance) 39

3.4 유의확률(P-value) 39

3.5 검정력(Power)과 표본수(Sample Size) 39

3.6 주의할 점 40

제 4 장 One-Sample T-Test **41**

4.1 소개 41

4.2 예 41
4.3 이해 * 42
4.4 분석과 해석 44
4.5 선택사항 46
4.6 R 결과물에서 통계값 추출 * 46
4.7 Simulation * 47

제 5 장 Paired T-Test **49**
5.1 소개 49
5.2 예 49
5.3 이해 50
5.4 분석과 해석 50
5.5 참고 * 52
5.6 Simulation * 55
5.7 연습 57

제 6 장 Wilcoxon Signed-Rank Test **59**
6.1 소개 59
6.2 이해 60
6.3 예 60
6.4 분석과 해석 60
6.5 T-Test vs. Wilcoxon Signed-Rank Test 62
6.6 연습 64

제 7 장 Two-Sample T-Test **67**
7.1 소개 67
7.2 예 67
7.3 이해 * 68
7.4 분석과 해석 1 70
7.5 분석과 해석 2 73
7.6 참고 75
7.7 Simulation * 76
7.8 연습 78

제 8 장 Wilcoxon Rank-Sum Test **79**
8.1 소개 79

8.2 이해 . . . 79
8.3 분석과 해석 . . . 79
8.4 참고 . . . 80

제 9 장 상관분석(Correlation Analysis) 83
9.1 소개 . . . 83
9.2 이해 . . . 83
9.3 분석과 해석 . . . 85
9.4 Simulation * . . . 87

제 10 장 단순회귀분석(Simple Linear Regression) 89
10.1 소개 . . . 89
10.2 이해 . . . 89
10.3 예 1 . . . 90
10.4 분석과 해석: 예 1 . . . 91
10.5 예 2 . . . 98
10.6 분석과 해석: 예 2 . . . 100
10.7 모형과 R 명령어 . . . 101
10.8 R 결과물에서 통계값 추출 * . . . 102
10.9 Simulation * . . . 106
10.10 연습 . . . 107

제 11 장 다중회귀분석(Multiple Regression) 109
11.1 소개 . . . 109
11.2 예 1 . . . 110
11.3 분석과 해석: 예 1 . . . 110
11.4 예 2 . . . 114
11.5 분석과 해석: 예 2 . . . 114
11.6 분석과 해석: 다항회귀모형(Polynomial Regression) . . . 117
11.7 연습 . . . 119

제 12 장 일원분산분석(One-way ANOVA) 121
12.1 소개 . . . 121
12.2 예 . . . 121
12.3 이해 . . . 122
12.4 분석과 해석 . . . 124

12.5 다중비교(Multiple Comparisons) 128
12.6 Simulation * 131
12.7 연습 131

제 13 장 Kruskal-Wallis Test **133**
13.1 소개 133
13.2 이해 133
13.3 분석과 해석 133

제 14 장 이원분산분석(Two-way ANOVA) **135**
14.1 소개 135
14.2 예 135
14.3 분석과 해석 136
14.4 연습 140

제 15 장 공분산분석: ANCOVA(Analysis of Covariance) **143**
15.1 소개 143
15.2 예 1: Before-After 143
15.3 이해 144
15.4 분석과 해석: 예 1 145
15.5 예 2 148
15.6 분석과 해석: 예 2 149
15.7 연습 149

제 16 장 비율(Proportions) **151**
16.1 하나의 비율: Binomial Test 151
16.2 적합성 검정(Goodness of Fit) 154
16.3 두 비율의 차이 156
16.4 셋 이상 비율의 차이 157
16.5 Simulation * 158
16.6 연습 160

제 17 장 테이블(Tables) **161**
17.1 Table 만들기 161
17.2 χ^2-Test 164
17.3 Fisher의 Exact Test 165

17.4 Cochran-Armitage Trend Test 167
17.5 McNemar Test 169
17.6 참고 170
17.7 Simulation * 171
17.8 연습 172

제 18 장 Logistic Regression **173**
18.1 소개 173
18.2 이해 173
18.3 예 1 174
18.4 분석과 해석: 예 1 175
18.5 예 2: Dose-Response 179
18.6 분석과 해석: 예 2 180
18.7 예 3 182
18.8 분석과 해석: 예 3 184
18.9 예 4 186
18.10 분석과 해석: 예 4 186
18.11 참고 188
18.12 R 결과물에서 통계치 추출 * 189
18.13 Simulation * 191
18.14 연습 193

제 19 장 Poisson Regression **195**
19.1 소개 195
19.2 이해 195
19.3 예 1: log-linear models 196
19.4 분석과 해석: 예 1 197
19.5 예 2 198
19.6 분석과 해석: 예 2 199
19.7 Logistic Regression vs. Log-linear Models 200
19.8 Simulation * 201

제 20 장 비선형 회귀분석(Nonlinear Regression) **203**
20.1 One-compartment Model: IV Dose 203
20.2 Two-compartment Model 206
20.3 One-compartment Model: Oral Dose 208

20.4 Michaelis-Menten model 210
20.5 참고 212
20.6 Simulation * 212

제 21 장 생존분석(Survival Data Analysis) 213
21.1 소개 213
21.2 예 1 214
21.3 분석과 해석: 예 1 215
21.4 예 2 218
21.5 분석과 해석: 예 2 219
21.6 연습 223

제 22 장 검정력(Power)과 표본 크기(Sample Size) 225
22.1 Paired T-Test 226
22.2 Two-Sample T-Test 229
22.3 One-Way ANOVA 229
22.4 두 비율의 차이 검정 230
22.5 참고 231

그림 차례

1.1 Boxplot 17
1.2 Scatter Plots 17
1.3 Scatter plot with trend 19
1.4 Boxplot of chicken weight 19
1.5 엑셀(Excel) 22
1.6 노트패드(Notepad) 22

2.1 Boxplot 30
2.2 Histogram 31
2.3 Q-Q Normality Plot 31

7.1 Original scale 71
7.2 Log scale 71

10.1 Original scale 94
10.2 Square root scale 94
10.3 log-변환 95
10.4 sqrt-변환 95
10.5 Diagnosis 97
10.6 Original Scale 99
10.7 log-변환 99
10.8 잘못된 모형적합 102
10.9 Simulated cars 107
10.10 Simulated one_comp 107

11.1 Attitude 111

12.1 Boxplot 125
12.2 Dunnett 125

12.3 Diagnosis 127

14.1 Boxplot 137
14.2 Interaction plot 137
14.3 Diagnosis 141

20.1 One-compartment model 205
20.2 Two-compartment model 205
20.3 Oral dose 210
20.4 Michaelis-Menten model 210

21.1 Kaplan-Meier Curve 217
21.2 Kaplan-Meier Curve 217
21.3 Kaplan-Meier Curve: sex 220
21.4 Kaplan-Meier Curve: age 220

제 1 장

시작하기

1.1 설치하기

R 설치하기

1. http://www.r–project.org
2. 왼쪽 Download 아래 CRAN을 선택한다.
3. CRAN Mirrors 중 살고 있는 곳과 가장 가까운 곳을 선택한다.
4. Download and Install R에서 Download R for Windows를 선택한다.
5. base를 선택한다.
6. Download R 3.xx.x for Windows를 선택한다.

Daum 카페(`http://cafe.daum.not/biometrika`)에 설치 파일을 링크해 놓았으니 위의 과정을 거칠 필요 없이 그 링크를 클릭해서 설치하기 바란다.

패키지 설치하기

R은 기본 설치만으로도 많은 함수를 제공하지만 가끔 추가로 제공되는 패키지를 설치하여 사용하면 더 편리해지기도 한다. 필요한 패키지가 있으면 찾아서 설치해주면 된다.

`install.packages()`로 12장에 이용된 "`multcomp`"라는 패키지를 설치해보자.

```
> install.packages("multcomp")
```

파일을 가져올 지역을 선택하는 메뉴가 뜨는데 사는 곳에서 가장 가까운 곳을 선택하면 된다.

설치를 끝낸 후 패키지 multcomp에 있는 함수나 데이터를 사용하려면 다음과 같이 library()로 불러들인다.

```
> library(multcomp)
```

여러 패키지를 불러서 사용하면 데이터 이름이나 함수 이름이 중복되어 충돌이 일어나는 경우가 발생하는데, 이를 방지하려면 패키지 사용을 마친 후 다음과 같이 detach()를 해주어야 한다.

```
> detach(package:multcomp)
```

1.2 맛보기

R에 내장되어 있는 3개 데이터 (trees, chickwts, cars)를 이용하여 가장 기본적인 분석을 해보도록 하자. data()를 실행하면 R에 어떤 데이터가 내장되어 있는지 보여준다.

R은 같은 영문자라도 소문자와 대문자를 다르게 취급하므로 주의해야 한다.

기술통계(Descriptive Statistics)

아래와 같이 "trees"라고 명령어 창에 입력하고 엔터 키를 치면 trees를 화면에 보여준다.

```
> trees
  Girth Height Volume
1   8.3     70   10.3
2   8.6     65   10.3
3   8.8     63   10.2
4  10.5     72   16.4
5  10.7     81   18.8
.
.
31 20.6     87   77.0
```

그림 1.1: Boxplot

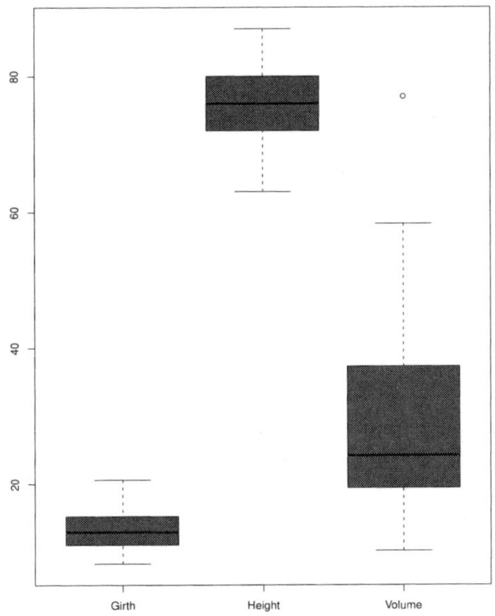

그림 1.2: Scatter Plots

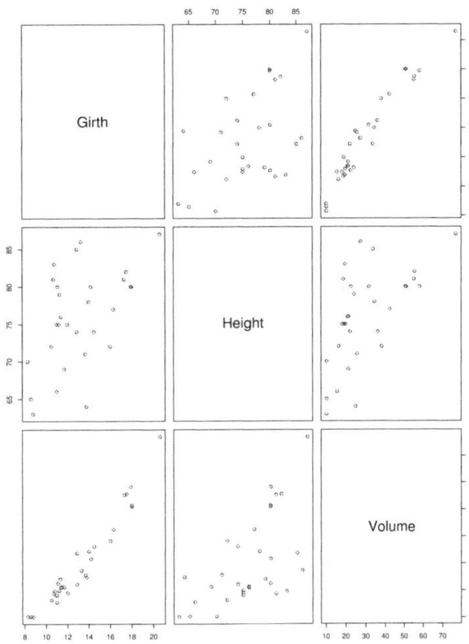

trees는 31개 나무에서 Girth, Height, Volume을 측정한 것이다. 이 데이터에 대하여 자세히 알고 싶으면 "?trees"라고 입력하면 된다.

summary()는 Girth, Height, Volume 각각 변수에 대하여 6개의 **기술통계량**을 보여준다.

```
> summary(trees)
    Girth            Height        Volume
 Min.   : 8.30   Min.   :63   Min.   :10.20
 1st Qu.:11.05   1st Qu.:72   1st Qu.:19.40
 Median :12.90   Median :76   Median :24.20
 Mean   :13.25   Mean   :76   Mean   :30.17
 3rd Qu.:15.25   3rd Qu.:80   3rd Qu.:37.30
 Max.   :20.60   Max.   :87   Max.   :77.00
```

boxplot()를 사용하면 기술통계량들을 보다 효율적으로 제시할 수 있다(그림 1.1).

```
> boxplot(trees)
```

pairs()을 사용하면 산포도를 통해 변수들의 연관성을 한눈에 살펴볼 수 있다(그림 1.2).

```
> pairs(trees)
```

회귀분석(Linear Regression)

데이터 cars는 브레이크를 밟기 직전 자동차의 속력(speed)과 브레이크를 밟고 난 후 멈추기까지 걸린 거리(distance)를 조사한 자료이다.

```
> cars
   speed dist
1      4    2
2      4   10
3      7    4
4      7   22
5      8   16
.
.
50    25   85
```

dist를 종속변수, speed를 독립변수로 lm()을 이용하여 회귀분석을 할 수 있다.

```
> lm(dist ~ speed, data=cars)

Call: lm(formula = dist ~ speed, data = cars)

Coefficients:
(Intercept)         speed
    -17.579         3.932
```

위의 결과물은 distance와 speed가 다음과 같은 직선관계임을 보여준다.

$$\text{dist} = -17.579 + 3.932 \times \text{speed}$$

회귀분석의 분산분석표를 보고 싶으면 anova()함수를 이용한다.

그림 1.3: Scatter plot with trend

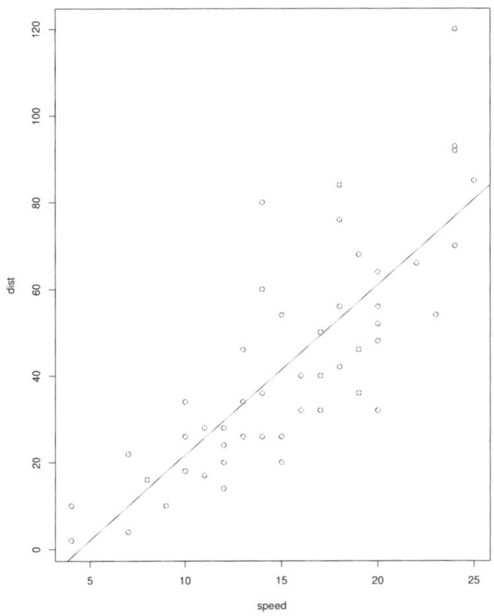

그림 1.4: Boxplot of chicken weight

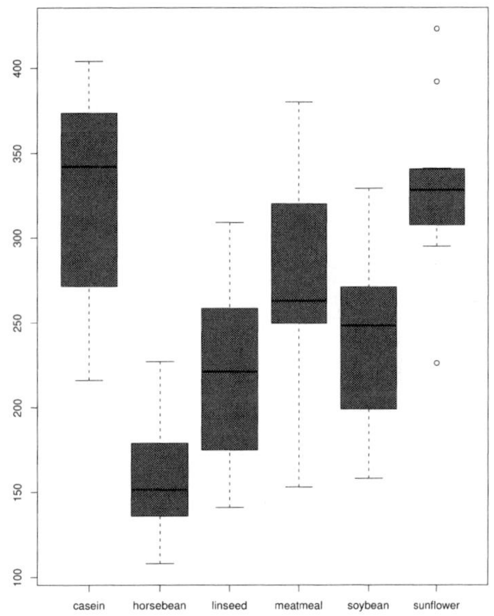


```
> anova(lm(dist~speed, data=cars))
Analysis of Variance Table

Response: dist
          Df  Sum Sq Mean Sq F value    Pr(>F)
speed      1 21185.5 21185.5  89.567 1.490e-12 ***
Residuals 48 11353.5   236.5
```

그림 1.3은 산포도에 추세선을 추가시킨 것이다. 그리는 방법은 10장 단순회귀분석에 소개되어 있다.

분산분석(Analysis of Variance)

`chickwts`는 71마리 병아리를 6그룹으로 나누어 각각 다른 종류의 먹이(`feed`)를 일정 기간 동안 먹인 후 무게(`weight`)를 잰 자료이다.

```
> chickwts
   weight      feed
```

```
1      179 horsebean
2      160 horsebean
3      136 horsebean
.
.
71     332    casein
```

summary()는 연속형 변수인 weight의 경우 기술통계량을 보여주고, 명목형 변수인 feed의 경우 각각의 먹이를 먹은 닭의 수를 보여준다.

```
> summary(chickwts)
     weight             feed
 Min.   :108.0   casein   :12
 1st Qu.:204.5   horsebean:10
 Median :258.0   linseed  :12
 Mean   :261.3   meatmeal :11
 3rd Qu.:323.5   soybean  :14
 Max.   :423.0   sunflower:12
```

boxplot()을 이용하여 그림 1.4와 같이 각 feed별로 weight의 boxplot을 얻을 수 있다.

```
> boxplot(weight~feed, data=chickwts)
```

lm()을 이용하여 feed의 차이가 병아리 무게에 영향을 주는지 분산분석을 할 수 있고, anova()를 lm()과 같이 이용하면 분산분석표를 구할 수 있다.

```
> anova(lm(weight~feed, data=chickwts))
Analysis of Variance Table

Response: weight
          Df Sum Sq Mean Sq F value    Pr(>F)
feed       5 231129   46226  15.365 5.936e-10 ***
Residuals 65 195556    3009
```

1.3 데이터의 변수들을 이용하기

함수 mean()은 평균을 구해준다. 데이터 trees의 세 번째 변수 Volume의 평균을 구하려면 다음 세 가지 중 한 가지 방법을 사용한다.

데이터$변수 사용하기

변수 Volume은 데이터 trees에 포함되어 있으므로 trees$Volume을 이용하여 평균을 구한다.

```
> mean(trees$Volume)
```

attach(데이터) 사용하기

attach(trees)를 실행하면 trees에 있는 세 변수들(Girth, Height, Volume)이 메모리상에 상주하게 되어 일일이 소속 데이터명을 밝히지 않아도 변수명만으로 분석이 가능하다.

```
> attach(trees)
> mean(Volume)
```

여러 데이터들을 attach하여 동시에 사용하다 보면 각기 다른 데이터에 속한 변수명들이 서로 충돌을 일으킬 가능성이 높아지므로 데이터를 사용한 후에는 반드시 아래와 같이 detach해주사.

```
> detach(trees)
```

with(데이터, 명령어) 사용하기

with(trees, 명령어)의 형식으로 trees에 있는 변수를 이용하는 **명령어**를 실행할 수 있다.

```
> with(trees, mean(Volume))
```

그림 1.5: 엑셀(Excel)

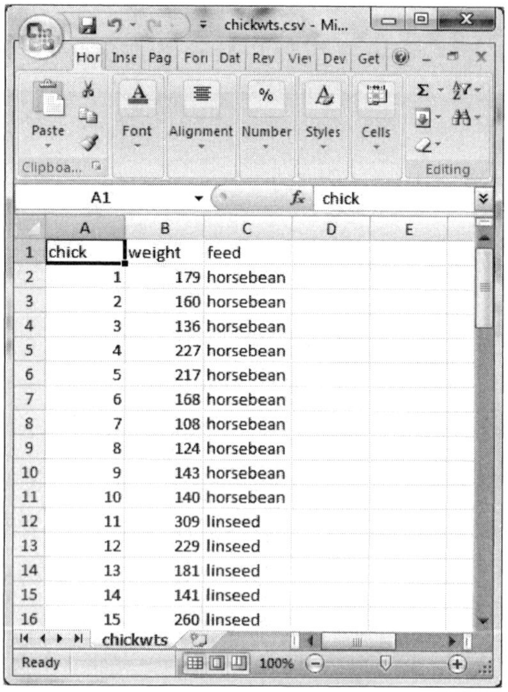

그림 1.6: 노트패드(Notepad)

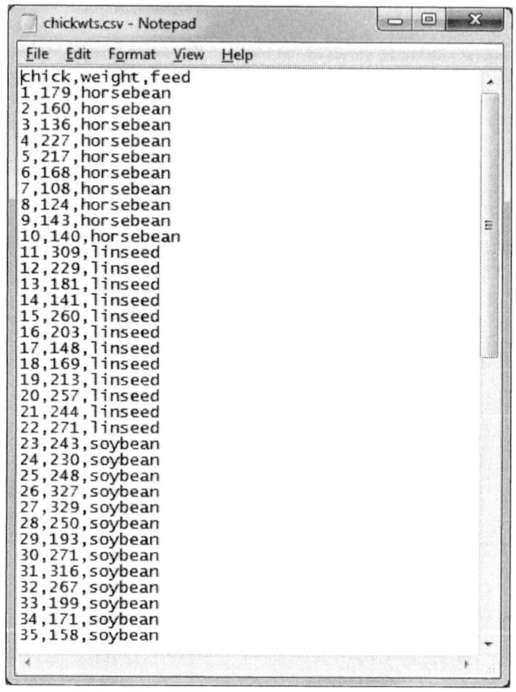

아래 두 방식을 비교해보자. `with`(데이터, 명령어)의 형식은 데이터 안에 여러 변수를 동시에 조작할 때 유용하다.

```
> trees$Volume+trees$Girth+trees$Height
```

`with`(trees, 명령어)를 사용하면 `trees$`를 매번 입력하는 번거로움을 없앨 수 있다.

```
> with(trees,Volume+Girth+Height)
```

1.4 데이터 입력하기

지금까지 예에서 쓰인 데이터들은 모두 R에 내장되어 있는 것들이다. 이 책의 목적은 독자가 가지고 있는 자료를 직접 입력하여 분석하는 것이다. 앞으로 모든 데이터는 "C:\data\"에 저장되어 있다고 가정한다.

저자가 권장하는 방법은 엑셀에 자료를 입력한 후 **csv**(comma separated values) 형식으로 저장하는 것이다. csv 형식은 R에서 `read.csv()`를 이용하여 쉽게 읽을 수 있고,

호환성이 높아 대부분의 소프트웨어들은 csv 형식을 지원한다. 엑셀(그림 1.5)과 노트패드(그림 1.6)로 `chickwt.csv`를 열어보자. 노트패드를 이용한 그림 1.6을 보면 변수 간에 콤마(,)로 구분되어 csv(comma separated values)라고 이름을 붙인 이유를 알 수 있다. 노트패드나 워드패드(WordPad)로 변수를 콤마(,)로 구분하여 자료를 입력해도 되고, 엑셀로는 아래 과정을 거쳐 입력한다.

1. 엑셀을 연다.
2. 첫 번째 행에는 변수명을
3. 두 번째 행부터 데이터 값을 입력한다.
4. 데이터 입력 시에는 한 행에 한 관측치의 값이 입력되도록 한다.
5. 데이터 입력이 끝나면 "다른 이름으로 저장하기"에서 "CSV"로 저장한다.

1.5 데이터 읽기

"C:\data\"에 저장된 `chichwts.csv`를 읽으려면 아래와 같이 `read.csv()`를 사용한다. R은 Unix/Linux와 동일하게 "\" 대신 "/"로 디렉터리(directory)를 구분한다는 점을 명심하기 바란다.

```
> chickwts = read.csv("C:/data/chickwts.csv")
```

이렇게 얻어진 `chickwts`는 변수명과 관찰치가 결합되어 있는 `data.frame`이라는 포맷으로 1.2절에서와 같이 한줄의 명령어로 통계분석을 수행할 수 있다.

데이터를 읽을 때 파일들이 위치한 "C:/data/"를 매번 입력하는 수고를 피하려면 R을 처음 시작할 때 아래와 같이 `setwd()`를 이용하여 데이터가 있는 폴더 "C:\data\"를 작업장소(working directory)로 지정한다. `setwd()`는 **set w**orking **d**irectory를 의미한다.

```
> setwd("C:/data")
```

`setwd("C:/data")`를 실행하여 데이터가 있는 위치가 working directory로 지정되면 매번 데이터를 읽을 때마다 데이터가 있는 경로 "C:/data"를 쓸 필요 없이 아래와 같이 `read.csv()`함수에 데이터 이름만 써주면 된다.

```
> chickwts = read.csv("chickwts.csv")
```

명령어 `setwd("C:/data")`는 R을 시작할 때마다 매번 실행해야 한다. 컴퓨터에 자신 있는 독자는 "C:\Program Files\R\R-3.xx.x\etc"에 위치한 "Rprofile.site"를 노트패드나 워드패드 같은 텍스트 에디터로 맨 아랫줄에 `setwd("C:/data")`를 추가해주면 R이 시작될 때마다 자동으로 실행된다.

요약

데이터 입력과 읽기를 짧게 정리해보자.

1. 데이터를 엑셀을 이용하여 입력하여 csv 포맷으로 "C:\data\"에 저장한다.

2. `setwd("C:/data")`를 실행하여 데이터가 있는 위치를 working directory로 지정한다.

3. `read.csv("`**데이터명**`.csv")`로 데이터를 읽는다.

1.6 연습

x	y
1	10.2
2	9.7
3	6.5
4	5.1

1. 위의 데이터를 엑셀에 입력한 후 ex.csv로 저장하고, R에서 `read.csv()`를 이용하여 ex라는 data.frame을 만들어보라.

2. `plot()`을 이용하여 scatter plot을 그려보라.

```
> plot(y~x, data=ex)
```

제 2 장

기술통계(Descriptive Statistics)

2.1 모집단(Population)과 표본(Sample)

모집단(population)은 연구 대상이 되는 집단 전체이고 **표본**(sample)은 연구 대상인 모집단의 특성을 조사하기 위해 추출된 모집단의 일부분이다. 보통 모집단은 전수조사하기에는 너무 큰 집단이므로 대부분의 연구는 표본에서 이루어진다. 그러므로 표본추출이 적절히 이루어져야 표본을 가지고 모집단의 특성을 정확하게 추론할 수 있다.

모집단의 특성을 나타내는 평균 μ, 모분산 σ^2 등을 **모수**(parameter)라고 하고, 표본으로부터 구한 표본평균 $\bar{x}$, 표본분산 s^2 등을 이용해 이들 모수를 추정한다. 몇 년마다 시행하는 인구조사 등 특수한 경우를 제외하고는 모집단을 전수조사하는 경우는 거의 없다. 그러므로 일반적으로 평균, 분산, 표준편차는 표본평균, 표본분산, 표본표준편차를 지칭한다고 보면 된다.

2.2 평균, 분산, 표준편차, 변동계수

데이터 `trees`의 첫 번째 변수인 `Volume`의 표본수 n을 `length()`를 이용하여 구해보자. trees$Volume은 데이터 `trees`의 변수 `Volume`을 나타낸다.

```
> length(trees$Volume)
[1] 31
```

	함수식	R 명령어
표본수	n	length(x)
평균	$\overline{x} = \frac{1}{n}\sum_{i=1}^{n} x_i$	mean(x)
분산	$s^2 = \frac{1}{n-1}\sum_{i=1}^{n}(x_i - \overline{x})^2$	var(x)
표준편차	$s = \sqrt{s^2}$	sd(x)
표준오차	$s/\sqrt{n}$	sd(x)/sqrt(length(x))
변동계수	$s/\overline{x}$	sd(x)/mean(x)

평균(mean)과 분산(variance)

매번 trees$를 입력하지 않으려면 attach()를 이용하면 된다. 평균을 구하기 위해 trees$Volume이 아닌 Volume이 사용되었음을 주목하라.

```
> attach(trees)
> mean(Volume)
[1] 30.17097
```

분산은 관찰치의 퍼진 정도를 나타낸다. 분산은 var()를 이용하여 구한다.

```
> var(Volume)
[1] 270.2028
```

분산 s^2은 자료의 제곱합을 n이 아닌 $n-1$로 나누어 구하는데, 그 이유는 수학적으로 $n-1$로 나눈 s^2의 기대값이 모분산 σ^2과 일치하기 때문이다. 따라서 조사 대상이 모집단일 경우 모분산을 구하려면 표본분산 s^2에 $(n-1)/n$을 곱해준다.

```
> var(Volume)*(length(Volume)-1)/length(Volume)
[1] 261.4866
```

표준편차(Standard Deviation)와 표준오차(Standard Error)

표준편차는 관찰치의 퍼진 정도를 나타내는 또 하나의 지표로 sd()를 이용하여 구한다.

```
> sd(Volume)
[1] 16.43785
```

표준편차는 표본분산의 제곱근($\sqrt{s^2}$)으로 sd() 대신 sqrt(var())를 이용하여도 동일한 값을 얻는다.

```
> sqrt(var(Volume))
[1] 16.43785
```

표준오차는 **추정치의 표준편차**이다. 이 장에서는 표준오차를 **표본평균**(모평균의 추정치)의 표준편차로 한정하겠다. 모집단으로부터 표본을 반복해서 뽑으면 각각의 표본에서 표본평균을 구할 수 있다. 이렇게 평균을 구하는 과정에서 극단적으로 큰 값과 작은 값들이 더해지면서 서로 상쇄될 가능성이 많으므로 표본평균은 원래 자료에 비해 변화가 적다. 그러므로 표본평균들의 표준편차, 즉 표준오차가 원래 자료로부터 직접 구한 표준편차보다 적으리라는 것을 쉽게 짐작할 수 있다. 수학적으로 표준편차는 표준오차보다 $\sqrt{n}$배 크다. 그래서 표본평균의 표준편차인 표분오차를 구할 때 $\sqrt{n}$로 나눠준다.

```
> sd(Volume)/sqrt(length(Volume))
[1] 2.952324
```

이 장에서는 표준오차를 표본평균의 표준편차로 한정했지만 표준오차의 일반석인 정의는 추정치의 표준편차이다. 추정치는 표본평균, 표본분산, 회귀계수, odds ratio 등 다양하므로 R에서 표본평균의 표준오차를 구하는 함수를 따로 제공하지는 않는다. R에서 제공하지 않는 함수는 직접 만들 수 있는데 2.5절에서 표본평균의 표준오차를 구하는 함수 se()을 만드는 방법을 소개하였다.

변동계수(Coefficient of Variation)

몸무게 100kg인 씨름 선수의 몸무게를 여러 번 측정했을 때 변동량은 몸무게 45kg인 여성의 몸무게 변동량보다 훨씬 크다. 보통 평균이 증가하면 분산도 같이 증가하기 때문이다. 이런 현상을 보정해주기 위해 표준편차를 평균으로 나눈 것이 변동계수이다.

```
> sd(Volume)/mean(Volume)
[1] 0.5448233
```

2.3 중위수(Median), 사분위수(Quartiles) and Boxplot

자료의 분포가 좌우대칭이 아니거나 이상치(outlier)가 있는 경우, 평균(mean)은 극단적으로 크거나 극단적으로 작은 값들에 영향을 많이 받는다. 이런 경우 중위수(median) 같은 순서통계량(order statistics)를 사용하는데, 가장 많이 쓰이는 것이 사분위수(quartiles)이다. 이를 Boxplot을 이용하여 그래프로 표현할 수 있다.

사분위수(Quartiles)

자료를 순서대로 나열했을 때 정중앙, 즉 50%에 위치하는 수가 중위수(median 또는 Q_2)이고 25%에 위치하는 수가 Q_1, 75%에 위치하는 수가 Q_3이다. 가장 많이 쓰는 다섯 개의 순서통계량은 minimum, Q_1, Q_2(=median), Q_3, maximum인데 `fivenum()`이나 `quantile()`로 구한다.

```
> fivenum(Volume)
[1] 10.2 19.4 24.2 37.3 77.0
> quantile(Volume)
  0%  25%  50%  75% 100%
10.2 19.4 24.2 37.3 77.0
```

median이 평균에 대응되는 통계치라면 IQR(interquartile range)은 $Q_3 - Q_1$으로 퍼진 정도를 측정하는 표준편차나 분산에 해당된다. Volume의 Q_1=19.4이고 Q_3=37.3이므로 IQR은 17.9(=37.3-19.4)이고, `IQR()`로 구할 수 있다.

```
> IQR(Volume)
[1] 17.9
```

사분위수 계산

순서통계량은 평균, 표준편차같이 수식을 이용하여 계산으로 구하지 않고, 자료를 순서대로 나열한 후 해당되는 위치에 있는 값을 골라서 구한다. 사분위수를 구하는 방법은 다양하다. `fivenum()`은 Tukey가 제안한 방법으로 사분위수를 구하고, `quantile()`은 `type` 옵션으로 9가지 방법을 제공한다.

`Volume`은 31개의 관찰치를 가지고 있다. Tukey의 방법이 `Volume`의 사분위수를 어떻게 구하는지 알아보는 가장 쉬운 방법은 1부터 31까지 정수의 사분위수를 구해보는 것이다. 먼저 "1:31"을 이용하여 1부터 31까지의 정수를 나열해보자.

```
> 1:31
 [1]  1  2  3  4  5  6  7  8  9 10 11 12 13 14 15 16 17 18 19 20 21
[22] 22 23 24 25 26 27 28 29 30 31
> fivenum(1:31)
[1]  1.0  8.5 16.0 23.5 31.0
```

`fivenum()`을 이용하여 사분위수를 구한 결과 Q_1=8.5, Q_2=16.0, Q_3=23.5이다. 여기서 1, 2,···, 31을 단순히 숫자라고 생각하지 말고, 1을 `Volume`의 가장 작은 숫자, 2를 두번째 작은 숫자, 31을 가장 큰 숫자라고 생각해보자. 먼저 Q_1=8.5는 8과 9의 정확한 중간이므로 `Volume`의 Q_1은 8번째 수와 9번째 수의 평균이다. 마찬가지로 Q_3=23.5이므로 `Volume`의 Q_3은 23번째 수와 24번째 수의 평균이다. median인 Q_2=16은 정확히 정수이므로 `Volume`의 median은 16번째 수이다.

`sort()`로 `Volume`을 순서대로 나열해보자.

```
> sort(Volume)
 [1] 10.2 10.3 10.3 15.6 16.4 18.2 18.8 19.1 19.7 19.9 21.0 21.3
[13] 21.4 22.2 22.6 24.2 24.9 25.7 27.4 31.7 33.8 34.5 36.3 38.3
[25] 42.6 51.0 51.5 55.4 55.7 58.3 77.0
```

Q_1은 8번째 수 19.1과 9번째 수 19.7의 평균인 19.4, Q_3은 23번째 수 36.3과 24번째 수 38.3의 평균인 37.3, median은 16번째 수인 24.2이다.

그림 2.1: Boxplot

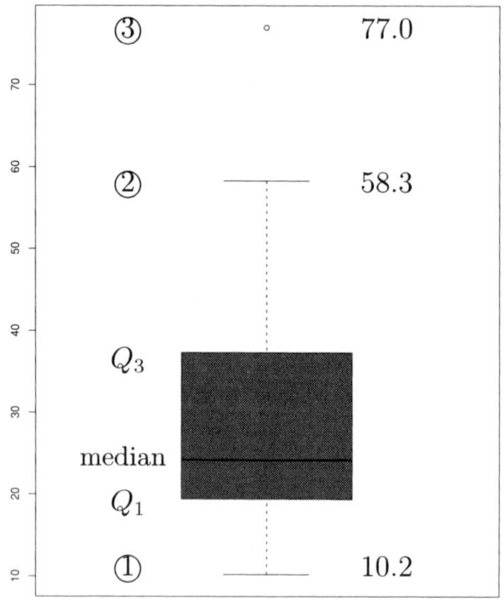

Boxplot

명령어 `boxplot()`을 사용하면 그림 2.1처럼 사분위수들을 효율적으로 나타낼 수 있다.

```
> boxplot(Volume, col="red")
```

`col`로 지정할 수 있는 색은 아래와 같이 `colors()`를 실행하면 알 수 있다. R version 3.0.1은 657개의 색을 제공하고 있다.

```
> colors()
  [1] "white"            "aliceblue"         "antiquewhite"
  [4] "antiquewhite1"    "antiquewhite2"     "antiquewhite3"
   .
   .
[655] "yellow3"          "yellow4"           "yellowgreen"
```

그림 2.1 Boxplot 안에 작은 box의 중간선은 median, 아래선은 Q_1, 윗선은 Q_3이다. 이상치(outlier) 결정의 기준이 되는 $Q_1 - 1.5 \times \text{IQR}$와 $Q_3 + 1.5 \times \text{IQR}$는 아래와 같이 구한다.

그림 2.2: Histogram

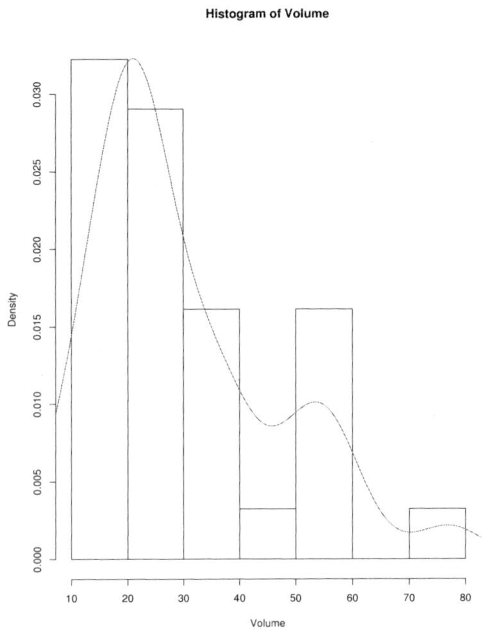

그림 2.3: Q-Q Normality Plot

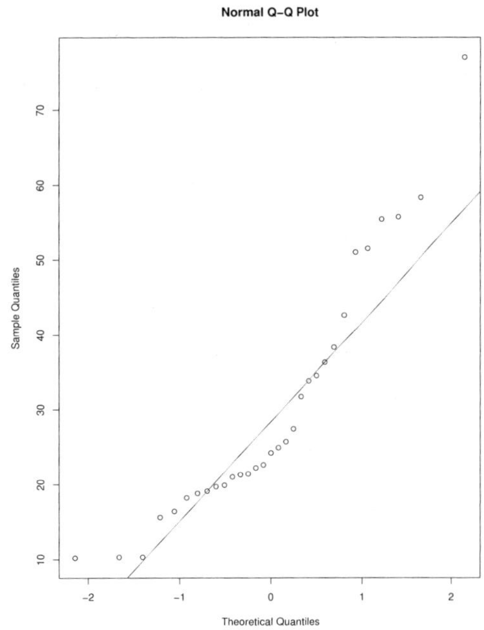


```
> fivenum(Volume)[2]-1.5*IQR(Volume)
[1] -7.45
> fivenum(Volume)[4]+1.5*IQR(Volume)
[1] 64.15
```

그림 2.1에서 선①은 `-7.45`($Q_1 - 1.5 \times \text{IQR}$)보다 크거나 같은 수 중 가장 작은 수이고, 선②는 `64.15`($Q_3 + 1.5 \times \text{IQR}$)보다 작거나 같은 수 중 가장 큰 수이다. 이 예에서 ①은 -7.45보다 크거나 같은 수 중 가장 작은 값인 10.2이고, ②는 64.15보다 작거나 같은 수 중 가장 큰 값인 58.3이다. ①, ②선 밖에 위치하는 값 ③은 outlier로 취급하는데, 이 경우 최대값 77.0이 outlier이다.

2.4 More Graphs

히스토그램(histogram)

다음 두 명령어를 차례로 실행하면 히스토그램(histogram)에 추정된 분포를 추가한 그래프를 얻을 수 있다(그림 2.2). 첫 번째 명령어는 히스토그램을, 두 번째 명령어는 히스토그램에 매끈하게 추정된 분포선을 추가한다.

```
> hist(Volume, probability=TRUE)
> lines(density(Volume), col="blue")
```

hist()에 "probability=TRUE"를 빼고 hist(Volume)을 실행하면 히스토그램이 도수로 표현되어 확률로 표현된 두 번째 분포선과 scale이 일치하지 않게 된다.

줄기-잎 그림(Stem-and-Leaf plot)

줄기-잎 그림은 stem()을 이용하여 그린다. Volume의 경우 관찰값이 모두 두 자리 숫자인데, '|'의 왼쪽에 첫 번째 자릿수 놓고 '|'의 오른쪽에 두 번째 자릿수들을 나열하여 히스토그램에 도수는 물론 어떤 값들이 들어 있는지 확인할 수 있다.

```
> stem(Volume)

  The decimal point is 1 digit(s) to the right of the |

  1 | 00066899
  2 | 00111234567
  3 | 24568
  4 | 3
  5 | 12568
  6 |
  7 | 7
```

첫 번째 줄(1 | 00066899)을 예로 들면 '|'의 왼쪽이 1이므로 이 값들의 첫째 자리는 '1'로 숫자가 '1?'을 의미한다. '|' 오른쪽에 숫자들이 둘째 자릿수가 무엇인지 알려준다. 0이 셋, 6이 둘, 8이 하나, 9가 둘이므로, 10이 셋, 16이 둘, 18이 하나, 19가 둘임을 알 수 있다.

Q-Q Normality plot

Volume이 정규분포에 얼마나 근접한지 알고 싶으면 아래 명령어로 Q-Q(Quantile-Quantile) plot을 그려본다 (그림 2.3).

```
> qqnorm(Volume)
> qqline(Volume, col="blue")
```

Q-Q plot에서 직선은 정확한 정규분포 수식에서 나오는 값인데, 관찰값인 점들이 이 직선에서 크게 벗어나지 않으면 Volume이 정규분포를 따른다고 할 수 있다. 그러나 직선에 어느 정도 근접하냐는 주관적이다.

판단을 돕기 위해 Volume과 같은 수인 31개의 난수(random number)를 정규분포로부터 발생시킨 후 Q-Q plot을 그려 그림 2.3과 비교할 수 있다. 정규분포는 rnorm()으로 시뮬레이션할 수 있다.

rnorm(n=표본수, mean=평균, sd=표준편차)

아래 명령어는 평균이 0이고 표준편차가 1인 표준정규분포로부터 31개의 난수를 발생시킨다.

```
> rnorm(n=31,mean=0,sd=1)
```

평균 0, 표준편차 1은 디폴트(default)여서 아래와 같이 생략할 수 있다. 이 프로그램을 반복해 여러 개의 Q-Q plot을 그려보면 정규분포로부터 발생한 표본 31개가 대강 어떤 모양의 Q-Q plot을 형성하는지 짐작할 수 있을 것이다.

```
> x = rnorm(31)
> qqnorm(x)
> qqline(x)
```

2.5 함수 만들기 *

R은 표본평균의 표준오차를 구하는 함수를 제공하지 않는다. 그러나 R에서 사용자가 직접 함수를 만들 수 있다. se()이라는 이름의 함수를 만들어보자. 함수는 function을 이용하여 만드는데 표준오차의 공식이 $s/\sqrt{n}$이므로 아래와 같이 만들 수 있다.

```
> se = function(x) sd(x)/sqrt(length(x))
```

위의 함수를 실행하고 다음을 실행하면 Volume의 표준오차를 쉽게 구할 수 있다.

```
> se(trees$Volume)
[1] 2.952324
```

같은 방식으로 변동계수는 아래와 같이 만들 수 있다.

```
> cv = function(x) sd(x)/mean(x)
> cv(trees$Volume)
[1] 0.5448233
```

자주 사용하는 공식이 있다면 함수로 만들어 놓으면 편리하다.

2.6 Simulation *

모집단

평균이 175이고, 표준편차가 5인 정규분포로부터 고3 남학생 10만 명의 키를 시뮬레이션하여 모집단으로 이용해보자. set.seed()로 초기값을 지정해주면 여러 번 시뮬레이션하더라도 항상 같은 결과를 얻을 수 있다. set.seed()는 생략해도 되나 아래의 결과와 다른 결과를 얻더라도 당황하지 말기 바란다. 앞으로 이 책의 모든 결과물은 set.seed(1234)를 이용하여 얻을 것이다.

```
> set.seed(1234)
> height = rnorm(n=100000, mean=175, sd=5)
```

175는 모평균이 아니고 시뮬레이션에 사용한 평균값이다. 이 모집단의 평균은 175.0146이므로 이것이 모평균이다.

```
> mean(height)
[1] 175.0146
```

모분산 σ^2는 24.97268이고, 모표준편차 σ는 모분산의 제곱근인 4.997267이다.

```
> var(height)*(100000-1)/100000
[1] 24.97268
```

표본추출

sample()을 이용하여 모집단으로부터 표본을 비복원추출할 수 있다.

sample(모집단, size=표본수)

모집단인 10만 명의 키로부터 10개의 표본을 뽑으려면 다음과 같이 한다.

```
> sample(height, size=10)
```

10개의 표본을 10,000개 만들어 각각의 표본에서 구한 평균을 M에, 분산을 V에 저장하자. M과 V는 각각 10,000개의 평균과 분산을 가진 벡터이다. 처음 두 줄은 초기화 과정이고 for()를 이용해서 추출된 표본(n=10)의 평균과 분산을 구하는 과정을 10,000번 반복시켰다.

```
> M=NULL
> V=NULL
> for(i in 1:10000){
+   x=sample(height, size=10)
+   M[i]=mean(x)
+   V[i]=var(x)
+ }
```

평균의 표준오차와 분산의 기대값

표본평균들의 평균은 174.9979로 모평균 175.0146에 근접한다.

```
> mean(M)
[1] 174.9979
```

표본평균들의 표준편차, 즉 표준오차는 이론상 $\sigma/\sqrt{n}$이다. 표본평균들의 표준편차는 1.577416로 이론상의 표준오차인 1.580275(=4.997267/$\sqrt{10}$)에 근접한다.

```
> sd(M)
[1] 1.577416
```

표본분산들의 평균은 모분산 24.97268에 근접한다. 표본분산을 구하는 식은 관찰치와 표본평균의 차이의 제곱합을 $n-1$로 나눠준 $\frac{1}{n-1}\sum_{i=1}^{n}(x_i-\overline{x})^2$이다.

```
> mean(V)
[1] 24.99503
```

위에서 구한 표본분산에 9/10을 곱해주면 $\frac{1}{n}\sum_{i=1}^{n}(x_i-\overline{x})^2$로 구한 분산을 구할 수 있다. 이렇게 구한 표본분산의 평균은 22.49552로 모분산 24.97268과 차이가 꽤 있음을 알 수 있다. 이런 이유로 표본분산을 구할 때 제곱합을 n대신 $n-1$로 나눈다.

```
> mean(V*9/10)
[1] 22.49552
```

2.7 연습

1. 데이터 trees의 변수 Height를 이용하여 지금까지 구한 모든 통계치와 그래프를 그려보자.

2. 표본수가 10인 데이터의 사분위수를 어떤 방식으로 구해야 하는가(29쪽에 "사분위수 계산"을 참조하시오).

제 3 장

가설과 검정

가설검정이란 조사하고자 하는 현상을 수학적으로 표현할 수 있는 구체적인 가설로 만들고, 가설을 입증할 수 있도록 실험이나 관찰을 수행한 후, 그 결과를 효과적으로 요약할 수 있는 값으로 구하는 일련의 과정이다. 이렇게 구해진 값을 귀무가설이 사실이라고 가정했을 때 기대되는 값들과 비교하여 귀무가설하에서 얻어지기 힘든 값이라면 귀무가설을 기각하고, 반대로 충분히 얻어질 수 있는 값이라면 귀무가설을 기각하지 못한다. 이 장에서 설명한 개념들은 4장 one-sample t-test에서 비교적 간단한 예를 사용하여 설명하고 있다.

가설검정의 절차는 다음과 같다.

① 귀무가설, 대립가설 설정

② 실험이나 관찰을 계획, 수행

③ 실험이나 관찰을 효과적으로 요약

④ 요약된 값이 귀무가설하에서 쉽게 발생할 수 있는 값인지 조사

⑤ 귀무가설하에서 발생하기 힘든 값이라면 귀무가설을 기각, 충분히 발생할 수 있는 값이라면 귀무가설을 기각하지 못한다.

3.1 가설설정

귀무가설(H_0)은 실험이나 관찰을 통해서 기각하고 싶은 기존의 가설이고, **대립가설**(H_a)은 실험이나 관찰을 통해서 주장하고 싶은 새로운 이론이다. 이해를 돕기 위해 몇 가지 예를 들어보자.

예 ① 2000년에 조사한 중학생들의 평균 키는 170cm였다. 10년이 지난 2010년, 식생활 패턴의 변화로 중학생들의 키가 커졌다고 생각된다.
H_0: 2010년 중학생 평균키는 170cm이다.
H_a: 2010년 중학생 평균키는 170cm보다 크다.

예 ② 기존에는 A약이 고혈압에 가장 효과가 있는 치료제였다. 유전공학을 이용해 새로이 개발된 B약이 고혈압에 더 효과가 있다고 생각된다.
H_0: A약과 B약은 고혈압 치료 효과에 차이가 없다.
H_a: A약과 B약의 고혈압 치료 효과에 차이가 있다.

예 ③ Zyrtec의 특허가 끝난후 Walgreens가 Wal-Zyr를 만들었는데 Zyrtec과 같은 성분인 Cetirizine을 사용하여 제조하였으므로 효과가 같다고 생각된다.
H_0: Wal-Zyr와 Zyrtec는 인체에 생물학적으로 동등하지 않다.
H_a: Wal-Zyr와 Zyrtec는 인체에 생물학적으로 동등하다.

단측검정

예 ①에서 H_a는 "크다"로 표현되어 있다. 이를 수식으로 표현하면 $\mu > 170$이다. 2010년 평균 키가 10년 전보다 작아질($\mu < 170$) 가능성이 없다고 생각되면, 한쪽 방향만 고려하여 검정을 시행하는 것이 양측을 모두 고려하는 양측검정에 비해 귀무가설을 기각할 가능성이 높아진다. 즉, 검정력이 높아진다.

양측검정

예 ②에서 H_a는 "차이가 있다". 즉 수식으로 표현하면 $\mu_A \neq \mu_B$이다. $\mu_A > \mu_B$와 $\mu_A < \mu_B$를 모두 고려한다.

μ가 약의 바람직한 효과를 측정한 값의 모수라고 하면 $\mu_A > \mu_B$로 단측검정을 하면 검정력이 높아지지만 신약 허가를 위한 연구에서는 보통 양측검정을 요구하여 귀무가설을 기각하기 힘들게 만들어 신약 허가를 까다롭게 통제하고 있다.

예 ③ 생동분석(bioequivalence test)의 예는 양측검정이나 귀무가설이 "같지 않다"이고, 대립가설이 "같다"이다. 생동분석은 이 책의 범위를 벗어나므로 다루지 않는다.

3.2 검정통계량(Test Statistic)

실험이나 관찰을 수행하여 얻은 자료를 적은 수의 통계값으로 요약해야 가설검정이 용이한데, 이 요약된 값이 검정통계량이다. 검정통계량이 귀무가설이 사실(true)인 경우에

충분히 나올 가능성이 있는 값이라 생각되면 귀무가설을 기각하지 않고, 귀무가설하에서 나오기 힘든 값이라면 귀무가설을 기각한다.

3.3 유의수준(Level of Significance)

유의수준 α는 어느 정도 드문 현상을 유의하다고 결정하느냐의 기준이다. α를 0.01로 설정한다는 것은 귀무가설하에서 관찰될 가능성이 1% 이하인 검정통계량을 유의하다고 결정하기로 미리 약속하는 것이다. 그러므로 α를 낮게 설정하면 유의하다고 결정할 가능성이 낮아진다. 보통 α는 0.05 즉 5%로 설정하는데, 이 기준에 의하면 실험이나 관찰을 수행한 후 얻은 검정통계량이 귀무가설하에서 나올 가능성이 5% 이하일 때 귀무가설을 기각한다.

3.4 유의확률(P-value)

p-value는 귀무가설하에서 관찰된 검정통계량보다 더 대립가설을 지지하는 방향으로 나올 확률이다. 확률이므로 p-value는 (0,1) 사이의 값을 갖는다. p-value는 **실험이나 관찰에서 나온 검정통계량이 귀무가설을 지지하는 정도**라고 생각하면 간단하다. 이 정의에 의하면 p-value가 0.001과 같이 0에 가까운 매우 작은 값이 나오면 실험 결과가 귀무가설을 지지하는 정도가 매우 약하므로 귀무가설을 기각한다. 반면 p-value=0.99같이 1에 가까운 매우 큰 값이 나온다면 귀무가설을 지지하는 정도가 매우 크므로 귀무가설을 기각하지 못한다. 의사 결정의 기준이 바로 유의수준 α로, $\alpha = 0.05$일 때 p-value가 유의수준 0.05보다 작으면 귀무가설을 기각하고 0.05보다 크면 귀무가설을 기각하지 못한다.

3.5 검정력(Power)과 표본수(Sample Size)

두 집단의 평균이나 비율의 차이를 검정할때 표본수가 크면 작은 차이라도 기각할 가능성이 많아지는네, 이를 귀무가설이 잘못되었을 때 기각할 수 있는 확률, 즉 검정력(power)이 커진다고 한다. 반면 이론적으로 분명한 차이가 있더라도, 즉 모집단에서는 분명히 차이가 있더라도, 비용 문제로 적은 표본만을 이용하여 연구를 수행한다면 적은 표본이 모집단을 대표하지 못할 가능성이 높아져서 유의하지 않은 결과가 나올 가능성이 높아진다. 원하는 검정력을 얻기 위한 최소한의 표본수 계산 방법은 22장에서 설명한다.

3.6 주의할 점

표본이 모집단을 대표하는가?

대부분의 연구에서 조사대상인 모집단이 너무 크므로 전수조사가 가능하지 않다. 그래서 보통 표본을 뽑아 표본에서 나온 결과로 모집단의 성질을 추론한다. 그러나 표본이 모집단을 제대로 대표하지 못하면 표본에서 나온 결과를 전체 모집단으로 확대 해석할 수 없다.

좀 극단적인 예를 들어보자. 남성의 키가 여성보다 크다는 것은 누구도 부인할 수 없는 사실이다. 그러나 표본을 뽑을 때 남성은 피그미족에서 많이 뽑고 여성을 게르만족에서 많이 뽑았다면 반대의 결과가 나올 수 있다. 실제로 많은 연구들이 실수로 또는 의도적으로 모집단을 대표하지 못하는 표본을 선택하여 왜곡된 연구결과를 발표한다.

선거때마다 여러 기관에서 등록된 집전화를 이용하여(응답률마저 현저히 낮았다) 여론조사를 발표한다. 이런 여론조사에 의한 특정 후보에 대한 지지율은 어김없이 실제 득표율과 큰 차이를 보여줬다. 등록된 집전화에서 일차적으로 뽑히고 이중 여론조사에 응한 사람들만을 조사하여 지지율을 계산하는데, 이렇게 뽑힌 표본이 실제로 득표율이 측정되는 모집단인 "투표에 실제로 참여할 유권자들"을 제대로 대표하지 못하기에 생기는 현상이다.

반면 잘 디자인된 출구조사는 놀라울 정도로 정확했다. 이미 투표한 유권자중에서 지역별 인구비례로 표본을 선출하기에 실제 투표자들을 잘 대표하기 때문이다.

그러므로 가설 검정시 가장 주의할 점은 바로 표본이 모집단을 잘 대표하도록 뽑혔냐이다. 그래야만 표본에서 얻은 연구결과를 모집단으로 확대 적용할 수 있다.

제 4 장

One-Sample T-Test

4.1 소개

one-sample t-test는 한 모집단의 평균이 어떤 특정한 값과 같은지 검증하는 통계 방법이다. 5장에 소개된 paired t-test는 one-sample t-test의 특수한 경우이다. one-sample t-test를 포함한 모든 t-test는 자료가 **정규분포**를 따른다고 가정한다. 데이터가 정규분포를 따르지 않는다면 6장에 소개된 Wilcoxon signed-rank test를 이용한다.

one-sample t-test는 다른 분석에 비해 상대적으로 간단하다. 그러므로 다른 분석에서 설명하기 복잡한 t-분포, 검정통계량, 유의확률을 4.3절에서는 직접 계산해보고, 4.4절에서는 함수 `t.test()`를 이용하여 구해본다. 단순히 데이타 분석을 원하는 독자는 4.3 절을 건너 뛰어도 된다.

4.2 예

2006년 조사에 의하면 한국인의 1인 1일 평균 알코올 섭취량은 8.1g이다. 2008년 대통령 선거로 알코올 섭취량이 달라졌는지 조사하기 위해 10명을 무작위로 뽑아서 조사한 결과 다음과 같은 결과를 얻었다.

15.50 11.21 12.67 8.87 12.15 9.88 2.06 14.50 0 4.97

이렇게 간단한 데이터는 아래와 같이 `c()`를 이용하여 관찰값들을 “,”로 구분하며 R에서 직접 입력하는 것이 편하다. 이렇게 구한 x는 `data.frame`이 아닌 **벡터**이다.

```
> x = c(15.5, 11.21, 12.67, 8.87, 12.15, 9.88, 2.06, 14.5, 0, 4.97)
```

4.3 이해 *

T-분포

모분산 σ^2이 알려진 경우 표본평균 $\overline{x}$의 분산과 표준편차는 다음과 같다. $\overline{x}$의 표준편차를 평균의 표준오차라고도 부른다.

$$\text{Var}(\overline{x}) = \frac{\sigma^2}{n}$$
$$\text{sd}(\overline{x}) = \frac{\sigma}{\sqrt{n}}$$

표본평균 $\overline{x}$에서 모평균(μ)을 빼고 표준편차로 나누어 표준화시키면, 아래의 Z는 평균이 0이고 표준편차가 1인 표본정규분포를 따른다.

$$Z = \frac{\overline{x} - \mu}{\sigma/\sqrt{n}} = \frac{\sqrt{n}(\overline{x} - \mu)}{\sigma} \sim N(0, 1)$$

그러나 모분산이 알려진 경우는 거의 없으므로 표본분산 s^2으로 모분산 σ^2을 대체하면 아래의 t는 자유도가 (n-1)인 t-분포를 따른다.

$$t = \frac{\overline{x} - \mu}{s/\sqrt{n}} = \frac{\sqrt{n}(\overline{x} - \mu)}{s} \sim t(n-1) \quad (4.1)$$

검정통계량

x의 평균 $\overline{x}$는 9.181, 표준편차 s는 5.234965이고, 표본평균과 2006년 평균 8.1과의 차이는 1.081이다.

```
> mean(x)
[1] 9.181
> sd(x)
       x
5.234965
> mean(x)-8.1
[1] 1.081
```

문제는 1.081이라는 차이가 귀무가설하에서 우연히 발생할 수 있는 차이라고 보고 2008년 알코올 섭취량이 2006년 알코올 섭취량에 비해 특별히 다르지 않다는 결론을 내리느냐, 아니면 1.081이라는 차이를 크다고 보고 유의한 차이가 있다는 결론을 내리느냐이다.

퍼진 정도를 고려하기 위해 식 (4.1)에서와 같이 **표준오차** $s/\sqrt{n}$으로 나누어 이를 표준화시킨 **검정통계량**이 t=0.653이다.

```
> sqrt(length(x))*(mean(x)-8.1)/sd(x)
[1] 0.6529981
```

이 t값 0.653은 2008년 알코올 섭취량의 진짜 평균이 8.1이라면 자유도가 9인 t분포를 따른다. t분포는 0을 중심으로 대칭인 분포이다. 이 t값 0.653이 0으로부터 많이 멀다면 수집한 데이터에 의하면 평균이 8.1일 가능성이 낮아 평균이 8.1이라는 귀무가설을 기각하고, 그렇지 않다면 귀무가설을 기각하지 않는다.

유의확률(p-value)

이 경우 p-value의 정의는 귀무가설이 사실(μ=8.1)인 모집단에서 표본추출을 반복해 수많은 검정통계량을 구했을 때 그 검정통계량들이 위의 조사에서 관찰된 검정통계량보다 더 대립가설을 지지하는 방향으로 나올 확률이다. μ=8.1이면 검정통계량은 자유도 9인 t분포를 따르는데, 관찰된 검정통계량보다 더 대립가설을 지지하는 경우란 자유도 9인 t분포 $t_{\mathrm{df}=9}$를 따르는 확률변수가 0.653보다 더 크거나 −0.653보다 작은 경우이다. 즉 p-value는 다음과 같다.

$$
\begin{aligned}
\Pr\left(|t_{\mathrm{df}=9}| > 0.653\right) &= \Pr\left(t_{\mathrm{df}=9} > 0.653 \text{ or } t_{\mathrm{df}=9} < -0.653\right) \\
&= 2 \times \Pr\left(t_{\mathrm{df}=9} > 0.653\right) \\
&= 2 \times \left\{1 - \Pr\left(t_{\mathrm{df}=9} < 0.653\right)\right\}
\end{aligned}
$$

$\Pr\left(t_{\mathrm{df}=9} < 0.653\right)$는 R에서 `pt(0.653,df=9)`이므로 p-value는

```
> 2*(1-pt(0.653,df=9))
[1] 0.5300818
```

대립가설이 $\mu > 8.1$인 단측검정이라면 대립가설을 지지하는 방향이란 0에서 + 방향으로 멀어지는 경우로 0.653보다 커지는 경우이다. 그러므로 p-value는 다음과 같고

$$
\Pr\left(t_{\mathrm{df}=9} > 0.653\right)
$$

R에서 다음과 같이 p-value를 구할 수 있다.

```
> 1-pt(0.653,df=9)
[1] 0.2650409
```

4.4 분석과 해석

먼저 정규성 검정을 한 후 데이터가 정규분포를 따르면 t-test를 한다. 데이터가 정규분포를 따르지 않는다면 비모수 방법인 6장에 있는 Wilcoxon signed-rank test를 사용한다.

정규성 검정

`shapiro.test()`로 Shapiro-Wilk normality test를 시행한다.

`shapiro.test(변수명)`

```
> shapiro.test(x)

        Shapiro-Wilk normality test

data:  x
W = 0.9234, p-value = 0.3863
```

p-value=**0.3863**로 0.05보다 크므로 데이터가 정규분포를 따른다는 귀무가설을 기각하지 못한다. 즉 데이터가 정규분포를 따른다고 결론을 내리고 t-test를 한다.

귀무가설	H_0: x가 정규분포를 따른다.
대립가설	H_a: x가 정규분포를 따르지 않는다.
검정통계량	W = 0.9234
p-value	$0.3863 > 0.05$
결정	x가 정규분포를 따른다.

정규성 검정 결과 데이터가 정규분포를 따르지 않는다고 나왔다면 비모수 방법을 이용한다. 그러나 비모수 방법을 이용하기 전에 혹시 어떤 변환을 하였을 때 정규분포를 따르지는 않는지 고려해봐야 한다. 가장 많이 쓰이는 변환은 log-변환, sqrt-변환($\sqrt{x}$), 역변환($1/x$) 등이다.

t-test

t.test()를 이용하여 간단히 t-test를 할 수 있다.

t.test(변수명, mu= μ_0)

```
> t.test(x, mu=8.1)

        One Sample t-test

data:  x
t = 0.653, df = 9, p-value = 0.5301
alternative hypothesis: true mean is not equal to 8.1
95 percent confidence interval:
  5.436132 12.925868
sample estimates:
mean of x
    9.181
```

p-value=0.5301로 크므로 평균이 8.1이라는 귀무가설을 기각하지 못한다.

귀무가설	H_0: $\mu = 8.1$
대립가설	H_a: $\mu \neq 8.1$
검정통계량	t(df=9) = 0.653
p-value	$0.5301 > 0.05$
결정	2008년 평균 음주량은 8.1과 유의한 차이가 없다.

4.5 선택사항

t.test()에서 "mu"를 사용하여 직접 μ_0를 지정할 수 있고, "conf.level"를 사용하여 0.05가 아닌 유의수준 α를 지정할 수 있고, "alternative"를 사용하여 단측검정을 수행할 수도 있다. t.test()의 명령어를 아래와 같이 정리할 수 있다. 이때 디폴트는 mu=0, conf.level=0.95, alter="two.sided"이다.

H_0	H_a	α	R code
$\mu = 8.1$	$\mu \neq 8.1$	0.95	t.test(x, mu=8.1)
$\mu = 8.1$	$\mu \neq 8.1$	**0.99**	t.test(x, mu=8.1, conf.level=0.99)
$\mu = 8.1$	$\mu > 8.1$	0.95	t.test(x, mu=8.1, alter="greater")
$\mu = 8.1$	$\mu < 8.1$	0.95	t.test(x, mu=8.1, alter="less")

대립가설이 $\mu \neq 8.1$ 대신 $\mu > 8.1$인 단측검정을 해보자. alter="greater"를 추가한다.

```
> t.test(x, mu=8.1, alter="greater")

        One Sample t-test

data:  x
t = 0.653, df = 9, p-value = 0.2650
alternative hypothesis: true mean is greater than 8.1
95 percent confidence interval:
 6.14639     Inf
sample estimates:
mean of x
    9.181
```

p-value가 0.2650로 양측검정 p-value의 절반이지만 여전히 0.05보다 크므로 귀무가설을 기각하지 못한다.

4.6 R 결과물에서 통계값 추출 *

t-test 결과물을 out이라는 이름으로 저장하자.

```
> out = t.test(x, mu=8.1)
```

names(out)를 실행하면 어떤 결과물들이 out에 저장되어 있는지 알 수 있다.

```
> names(out)
[1] "statistic"   "parameter"   "p.value"     "conf.int"
[5] "estimate"    "null.value"  "alternative" "method"
[9] "data.name"
```

t-test 결과물의 검정통계량 t값과 p-value를 아래와 같이 얻을 수 있다.

```
> out$statistic
        t
0.6529981
> out$p.value
[1] 0.5300829
```

결과물로 저장하지 않고도 다음과 같이 얻고 싶은 값들을 추출할 수 있다.

```
> t.test(x, mu=8.1)$statistic
        t
0.6529981
> t.test(x, mu=8.1)$p.value
[1] 0.5300829
```

이렇게 추출된 통계값은 시뮬레이션에 이용될 수 있다.

4.7 Simulation *

데이터 x와 같은 관찰수, 평균, 표준편차를 갖는 데이터를 아래과 같이 시뮬레이션해 보자.

```
> rnorm(n=length(x), mean=mean(x), sd=sd(x))
 [1]  2.862054 10.633332 14.858011 -3.098644 11.427453 11.830185
 [7]  6.172257  6.319402  6.226114  4.521683
```

같은 방식으로 10,000개의 자료를 시뮬레이션하여, Shapiro-Wilk normality test를 한후 각각의 p-value를 저장해보자. P는 10,000개의 p-value를 가진 벡터이다.

```
> P = NULL
> for(i in 1:10000)
+ P[i] = shapiro.test(rnorm(n=length(x), mean=mean(x), sd=sd(x)))$p.value
```

α=0.05로 가설검정을 해보자. `P<0.05`는 p-value가 0.05보다 작으면 TRUE(1)를, 0.05보다 크거나 같으면 FALSE(0)를 출력한다.

```
> P < 0.05
    [1] FALSE  TRUE FALSE FALSE  TRUE FALSE FALSE FALSE FALSE FALSE
   [11] FALSE FALSE FALSE FALSE FALSE FALSE FALSE FALSE FALSE FALSE
     .
     .
 [9991] FALSE FALSE FALSE FALSE FALSE FALSE FALSE FALSE FALSE FALSE
```

`mean()`으로 위의 TRUE(1), FALSE(0)의 평균을 구하면 TRUE(1)의 비율, 즉 p-value가 0.05보다 작아 귀무가설이 기각되는 비율을 알 수 있다.

```
> mean(P<0.05)
[1] 0.0501
```

그 비율은 0.0501로 정규분포로부터 생성되었으나 정규성 검정을 만족시키지 못하는, 즉 귀무가설이 맞는데 잘못 기각하는 오류의 비율이 5.01%임을 의미하는데, 허용된 오차인 유의수준 α=0.05와 거의 일치함을 알 수 있다. 이 시뮬레이션 결과는 Shapiro-Wilk normality test가 귀무가설이 사실일 때 유의수준 0.05와 거의 같은 수준의 오류를 발생시킴을 보여준다.

제 5 장

Paired T-Test

5.1 소개

paired t-test는 쌍을 이룬 두 변수(matched-pair)의 차이를 보는 검정이다. 가장 흔한 예는 한 집단을 대상으로 어떤 개입(intervention)의 효과를 보기 위해 개입 전-후값을 비교하여 개입의 효과를 측정하는 것이다. 개입(intervention)의 예는 약의 복용, 수술 혹은 치료, 새로운 교육방법 도입 등이 있다. paired t-test는 one-sample t-test의 특수한 경우로, 자료가 정규분포를 따르지 않으면 one-sample t-test와 마찬가지로 6장 Wilcoxon signed-rank test를 이용한다.

Before-After 이외에도 실험단위(experimental unit)가 쌍둥이 또는 부부라면 이 역시 matched-pair로 paired t-test로 차이가 있는지 검정한다. 이렇듯 paired t-test는 서로 연관성이 있는 두 대상으로부터 측정된 값이어서 비교하는 두 변수들 간에 상관관계가 존재한다. 이는 서로 독립적인 두 집단으로부터 측정한 두 값을 비교하는 two-sample t-test와 근본적으로 다른 점이다.

5.2 예

데이터 `FT.csv`는 17명을 대상으로 거식증 치료제 FT 복용 전후의 체중 변화를 측정하여 FT가 체중 감소에 영향이 있는지 조사한 실험이다. `Prewt`는 FT 복용 전 체중이고, `Postwt`는 복용 후 체중이다. `Prewt`와 `Postwt`는 같은 사람에게서 측정된 값이므로 같은 행에 값을 입력한다. 여기서 `Postwt`와 `Prewt`의 차이가 0인지가 관심의 대상이다.

	Prewt	Postwt	Postwt-Prewt
1	83.8	95.2	11.4
2	83.3	94.3	11.0
3	86.0	91.5	5.5
4	82.5	91.9	9.4
5	86.7	100.3	13.6
.			
.			
16	86.0	91.7	5.7
17	87.3	98.0	10.7

5.3 이해

`Postwt`와 `Prewt`의 차이(`Postwt`−`Prewt`)의 평균이 0인지 검정한다. 즉 귀무가설이 $\mu = 0$인지 검정하는 one-sample t-test이다.

5.4 분석과 해석

정규성 검정

`FT.csv`를 읽어서 `shapiro.test()`로 정규성 검정을 한다. 데이터 FT의 변수인 Postwt, Prewt을 사용하기 위해 1.3절에서 설명한 `with()`를 사용했음을 주시하기 바란다.

`with(데이터, shapiro.test(사후-사전))`

```
> FT = read.csv("FT.csv")
> with(FT, shapiro.test(Postwt-Prewt))

        Shapiro-Wilk normality test

data:  Postwt - Prewt
W = 0.9536, p-value = 0.5156
```

p-value가 **0.5156**로 0.05보다 크므로 정규분포를 따른다는 귀무가설을 기각하지 못한다.

귀무가설	H_0: FT 복용 전후의 차이가 정규분포를 따른다.
대립가설	H_a: FT 복용 전후의 차이가 정규분포를 따르지 않는다.
검정통계량	`W` = 0.9536
p-value	$0.5156 > 0.05$
결정	FT 복용 전후의 차이가 정규분포를 따른다.

t-test

paired t-test는 FT 복용 전후의 차이인 `Postwt−Prewt`의 평균이 0인지 검정하는 one sample t-test로 `t.test()`를 이용한다.

```
t.test(사후-사전)
```

`with()`를 사용하면 다음과 같다.

```
with(데이터, t.test(사후-사전))
```

```
> with(FT, t.test(Postwt-Prewt))

        One Sample t-test

data:  Postwt - Prewt
t = 4.1849, df = 16, p-value = 0.0007003
alternative hypothesis: true mean is not equal to 0
95 percent confidence interval:
  3.584700 10.944712
sample estimates:
mean of x
 7.264706
```

t(df=16)=**4.1849** (p-value=**0.0007003**)로 유의한 차이가 없다는 귀무가설을 기각한다.

귀무가설	$H_0: \mu = 0$
대립가설	$H_a: \mu \neq 0$
검정통계량	t(df=16) = 4.1849
p-value	0.0007003 < 0.05
결정	FT 복용 전후의 체중에 유의한 차이가 있다.

with()를 사용하지 않고 아래와 같이 해도 동일한 결과를 얻는다.

```
> t.test(FT$Postwt-FT$Prewt)
```

이렇게 with() 대신 FT$Postwt, FT$Prewt를 사용하면 with()를 사용하는 것과 타이프를 쳐야 하는 글자 수는 비슷하지만, 결과물에 FT$가 있어 보기에 좋지 않다.

5.5 참고 *

선택하기

데이터 anorexia를 열어보자. 72개의 관찰치와 4개의 변수를 가진 data.frame이다. R에서는 data.frame을 행렬로 사용할 수 있다.

```
> anorexia = read.csv("anorexia.csv")
> anorexia
   Treat Prewt Postwt
1   Cont  80.7   80.2
2   Cont  89.4   80.1
3   Cont  91.8   86.4
4   Cont  74.0   86.3
.
.
26  Cont  89.0   78.8
27   CBT  80.5   82.2
28   CBT  84.9   85.6
29   CBT  81.5   81.4
30   CBT  82.6   81.9
```

```
.
.
55   CBT  87.4   86.7
56    FT  83.8   95.2
57    FT  83.3   94.3
58    FT  86.0   91.5
59    FT  82.5   91.9
.
.
72    FT  87.3   98.0
```

아래 명령어로 첫 번째 관찰치와 세 번째 관찰치의 모든 변수가 선택된다.

```
> anorexia[c(1,3),]
  Treat Prewt Postwt
1  Cont  80.7   80.2
3  Cont  91.8   86.4
```

아래 명령어로 첫 번째 변수와 두 번째 변수의 모든 관찰치가 선택된다.

```
> anorexia[,c(1,2)]
   Treat Prewt
1   Cont  80.7
2   Cont  89.4
3   Cont  91.8
4   Cont  74.0
.
.
71    FT  86.0
72    FT  87.3
```

아래 명령어로 첫 번째와 세 번째 관찰치의 첫 번째와 두 번째 변수가 선택된다.

```
> anorexia[c(1,3),c(1,2)]
  Treat Prewt
```

```
1   Cont   80.7
3   Cont   91.8
```

아래 명령어를 실행하면 anorexia의 Treat 변수가 "FT"와 같은 행은 TRUE, 같지 않은 행은 FALSE를 출력한다. "="을 두 개 사용하였다는 걸 명심하기 바란다. "="는 값의 대입을 의미하고 "=="는 "같다"는 논리연산이다.

```
> anorexia$Treat=="FT"
 [1] FALSE FALSE FALSE FALSE FALSE FALSE FALSE FALSE FALSE FALSE
[11] FALSE FALSE FALSE FALSE FALSE FALSE FALSE FALSE FALSE FALSE
   .
   .
[71]  TRUE  TRUE
```

아래 명령어로 위에서 anorexia$Treat=="FT"가 TRUE인 관찰치만이 선택된다.

```
> anorexia[anorexia$Treat=="FT",]
   Treat Prewt Postwt
56    FT  83.8   95.2
57    FT  83.3   94.3
58    FT  86.0   91.5
59    FT  82.5   91.9
 .
 .
72    FT  87.3   98.0
```

Treat가 "Cont"이거나 "FT"인 두 종류를 선택하려면 두 가지 방법이 있다. 첫 째는 %in%을 이용하여 "Cont"이거나 "FT"인 관찰치를 선택하거나

```
> anorexia$Treat %in% c("Cont","FT")
 [1]  TRUE  TRUE  TRUE  TRUE  TRUE  TRUE  TRUE  TRUE  TRUE  TRUE
[11]  TRUE  TRUE  TRUE  TRUE  TRUE  TRUE  TRUE  TRUE  TRUE  TRUE
   .
   .
[71]  TRUE  TRUE
```

!= (not equal)을 이용하여 "CBT"를 배제하는 것이다.

```
> anorexia$Treat != "CBT"
```

Subset 분석 *

이 장에서 사용한 FT는 anorexia 데이터에서 변수 Treat가 "FT"인 관찰치만을 고른 것이다. FT로 Paired t-test를 아래와 같이 실행했다.

```
> with(FT, t.test(Postwt-Prewt))
```

anorexia를 이용하여 동일한 결과를 얻으려면 변수 Treat가 "FT"와 같은 관찰치만을 선택하면 된다.

```
> with(anorexia[anorexia$Treat=="FT",], t.test(Postwt-Prewt))
```

5.6 Simulation *

paired t-test에 사용되는 자료의 특징은 matched-pair로 두 변수 간에 상관관계가 존재한다는 점이다. 정규분포를 따르고 상관계수가 0이 아닌 두 변수를 시뮬레이션하려면 multivariate normal 분포를 이용한다. MASS library에서 mvrnorm()을 이용한다. MASS library는 R과 같이 설치되므로 따로 설치할 필요 없이 아래와 같이 불러들이면 된다.

```
> library(MASS)
```

mvrnorm()의 사용법은 다음과 같다.

mvrnorm(n=표본수, mu=평균, Sigma=공분산행렬)

평균이 각각 94, 93이고 공분산행렬이 $\begin{pmatrix} 10 & 6 \\ 6 & 10 \end{pmatrix}$인 multivariate normal 분포로부터 10개의 쌍을 시뮬레이션해보자. 우선 matrix(c(10,6,6,10),ncol=2)는 벡터 (10,6,6,10)으로 열의 수가(ncol)가 2이고 행의 수가 2인 2×2 행렬을 만든다.

```
> matrix(c(10,6,6,10),ncol=2)
     [,1] [,2]
[1,]   10    6
[2,]    6   10
```

아래와 같이 mu와 Sigma에 원하는 값을 대입하여 시뮬레이션을 할 수 있다.

```
> x = mvrnorm(n=10, mu=c(94,93), Sigma=matrix(c(10,6,6,10),ncol=2))
> x
          [,1]     [,2]
 [1,] 89.91105 90.26075
 [2,] 93.37276 95.19662
 [3,] 95.96947 97.16505
 [4,] 87.45652 86.27421
 [5,] 96.57068 92.85682
 [6,] 95.27537 94.58731
 [7,] 91.65171 92.09707
 [8,] 91.16527 92.74252
 [9,] 91.21955 92.58743
[10,] 94.89910 87.06609
```

x의 첫 번째 열은 x[,1]이고 두 번째 열은 x[,2]이므로 아래와 같이 paired t-test를 할 수 있다.

```
> t.test(x[,2]-x[,1])

        One Sample t-test

data:  x[, 2] - x[, 1]
t = -0.6974, df = 9, p-value = 0.5032
alternative hypothesis: true mean is not equal to 0
95 percent confidence interval:
 -2.825344  1.493819
sample estimates:
```

```
 mean of x
-0.6657628
```

5.7 연습

5.5절을 이용하여 데이터 `anorexia`의 `Treat`가 "`Cont`"인 관찰치만을 사용하여 다음을 실행하여보자.

1. `shapiro.test()`로 정규성 검정을 해보자.
2. `t.test()`로 paired t-test를 해보자.

제 6 장

Wilcoxon Signed-Rank Test

6.1 소개

t-test는 t-분포를 이용한다. 그러나 자료가 정규분포를 따르지 않는다면 비모수 방법을 이용해야 하는데 one-sample t-test와 paired t-test에 해당하는 비모수 방법은 Wilcoxon signed-rank test이다.

비모수 방법

정규분포는 평균(μ)과 표준편차(σ)로 모양이 결정된다. 이런 값들을 모수(parameter)라고 하는데 여기서 소개하는 비모수 방법(nonparametric method)들은 분포에 대한 가정없이 데이터의 순서에만 의존하므로 이런 모수들이 없어 **비모수** 방법이라 부른다. 데이터의 분포를 안다면 당연히 그 정보를 이용해야 보다 정확한 검정을 할 수 있다. 그러나 분포를 모르는 경우 정규분포를 가정하여 t-test를 한다면 잘못된 결과를 얻을 수 있다.

중위수

Wilcoxon signed-rank test는 평균이 0인지 검정하는 t-test와는 달리 자료의 순서를 사용하여 자료의 중위수(median)가 0인지를 검정한다. 양수('+')인 데이터의 수와 음수('−')인 데이터의 수가 같다면 중위수가 0이다.

6.2 이해

Wilcoxon signed-rank test는 '+', '−'의 부호를 무시하고 절대값으로 순위를 구한 후 '+'의 순위합을 구하여 귀무가설이 사실(median=0)일 때의 '+' 순위합의 분포와 비교한다.

6.3 예

데이터 `CBT.csv`는 29명을 대상으로 CBT 복용 전후의 체중 변화를 측정하여 CBT가 체중 감소에 영향이 있는지 조사한 실험이다. `Prewt`는 CBT라는 약의 복용 전 체중이고, `Postwt`는 복용 후 체중이다.

	Prewt	Postwt
1	80.5	82.2
2	84.9	85.6
3	81.5	81.4
4	82.6	81.9
5	79.9	76.4
⋮	⋮	
29	87.4	86.7

6.4 분석과 해석

정규성 검정

`shapiro.test()`로 정규성 검정을 해보자.

```
> CBT = read.csv("CBT.csv")
> with(CBT, shapiro.test(Postwt-Prewt))

        Shapiro-Wilk normality test

data:  Postwt - Prewt
W = 0.8962, p-value = 0.007945
```

p-value가 **0.007945**로 정규분포를 따른다는 귀무가설을 기각한다. 즉 비모수 방법을 이용해야 한다.

귀무가설	H_0: CBT 복용 전후 몸무게 차이가 정규분포를 따른다.
대립가설	H_a: CBT 복용 전후 몸무게 차이가 정규분포를 따르지 않는다.
검정통계량	W = 0.8962
p-value	$0.007945 < 0.05$
결정	CBT 복용 전후 몸무게 차이가 정규분포를 따르지 않는다.

차이의 검정

`wilcox.test()`의 사용법은 `t.test()`와 동일하다.

```
> with(CBT, wilcox.test(Postwt-Prewt))

        Wilcoxon signed rank test with continuity correction

data:  Postwt - Prewt
V = 303.5, p-value = 0.06447
alternative hypothesis: true location is not equal to 0

Warning message:
In wilcox.test.default(Postwt - Prewt) :
  cannot compute exact p-value with ties
```

p-value=**0.06447**로 유의하지 않은 결과가 나왔다.

귀무가설	H_0: CBT 복용 전후 몸무게 차이의 median은 0이다.
대립가설	H_a: CBT 복용 전후 몸무게 차이의 median는 0이 아니다.
검정통계량	V = 303.5
p-value	$0.06447 > 0.05$
결정	CBT 복용 전후 몸무게 차이가 없다.

Prewt와 Postwt의 차이의 절대값을 순서대로 나열해보면 다음과 같이 같은 값들이 존재함을 알 수 있다.

```
> sort(with(CBT,abs(Postwt-Prewt)))
 [1]  0.1  0.1  0.3  0.7  0.7  0.7  0.8  1.1  1.4  1.4  1.6  1.7
[13]  1.9  2.1  2.4  3.5  3.5  3.7  3.9  4.0  6.1  7.6  9.1 11.7
[25] 12.6 14.9 15.4 17.1 20.9
```

비모수 방법은 자료의 순서를 이용하는데, 이렇게 동일한 값들이 있으면 순서를 정하는 데 문제가 생겨 디폴트인 exact test로 p-value를 구하지 못하고 대신 정규분포에 근사시켜 p-value를 구한다. exact=FALSE를 옵션(option)으로 추가하여 정규분포에 근사시키는 방법을 선택하면 디폴트인 exact test를 시도하지 않으므로 위의 결과로부터 Warning을 없앨 수 있다.

```
> with(CBT, wilcox.test(Postwt-Prewt, exact=FALSE))
```

6.5 T-Test vs. Wilcoxon Signed-Rank Test

데이터가 정규분포를 따르는데 비모수 방법을 사용하면 p-value가 커져 유의하지 않는 결과를 얻을 가능성이 많아진다. 그러므로 정규분포를 따른다면 t-test를 사용해야 한다.

비모수 방법의 필요성

왜 비모수 방법이 필요한가를 설명하기 위해 다음 x의 평균이 0인지 one-sample t-test로 검정해보자.

```
> x=c(1.40, 0.91, 1.12, 1.25, -0.67, -0.12, 1.86, 1.44, 0.34, 1.82)
> t.test(x)

        One Sample t-test

data:  x
t = 3.5375, df = 9, p-value = 0.006338
alternative hypothesis: true mean is not equal to 0
```

```
95 percent confidence interval:
 0.3370954 1.5329046
sample estimates:
mean of x
    0.935
```

p-value=**0.006338**로 유의한 결과를 얻었다.

이번에는 x에서 가장 큰 값 1.86을 10으로 바꾼 후 평균이 0인지 다시 검정해보자. 더 큰 값으로 바꾸었으므로 평균이 0보다 더 커져 보다 유의한 결과, 즉 더 작은 p-value를 예상할 것이다.

```
> x = c(1.40, 0.91, 1.12, 1.25, -0.67, -0.12, 10, 1.44, 0.34, 1.82)
> t.test(x)

        One Sample t-test

data:  x
t = 1.8438, df = 9, p-value = 0.09831
alternative hypothesis: true mean is not equal to 0
95 percent confidence interval:
 -0.3968043  3.8948043
sample estimates:
mean of x
    1.749
```

그러나 p-value=**0.09831**로 유의하지 않은 결과를 얻었다. 왜 이런 결과가 나왔을까?

- 수학적으로 하나의 값이 크게 증가하면 식 (4.1) t값의 분자도 증가하지만 분모에 표준편차가 더 크게 증가한다. 그 결과 t값이 오히려 감소하고 p-value는 증가한다.
- 원칙적으로 말하면 t-test는 자료가 정규분포를 따라야 하는데 하나의 값이 정규분포를 따르기에는 너무 커져 전체 자료가 정규분포를 따른다고 주장하기 더 이상 힘들어졌다.

Wilcoxon signed-rank test를 이용해보면 1.86을 10으로 바꾸기 전이나 후나 아래와 같이 동일한 p-value=0.01367을 얻는 것을 알 수 있다. 이것이 비모수 방법의 특징이다.

순서를 사용하는 비모수 방법에서는 1.86을 아무리 큰 값으로 바꾸더라도 **여전히 가장 큰 값**이므로 실질적으로 변화가 없는 것이다.

```
> wilcox.test(x)

        Wilcoxon signed rank test

data:  x
V = 51, p-value = 0.01367
alternative hypothesis: true location is not equal to 0
```

CBT 데이터로 T-Test

비모수 방법 대신 t-test를 이용하여 `CBT.csv`를 분석해보면 p-value = 0.03502로 유의한 결과가 나온다. 그러나 이 p-value는 t-분포로부터 구한 것이나, 자료가 정규분포를 따르지 않아 검정통계량이 t-분포를 따르지 않으므로 정당화시키기 힘들다.

```
> with(CBT, t.test(Postwt-Prewt))

        One Sample t-test

data:  Postwt - Prewt
t = 2.2156, df = 28, p-value = 0.03502
alternative hypothesis: true mean is not equal to 0
95 percent confidence interval:
 0.2268902 5.7869029
sample estimates:
mean of x
 3.006897
```

6.6 연습

이 장에서 사용한 `CBT` 대신 `anorexia`의 `Treat`가 "CBT"인 관찰치만을 사용하여 이 장에서와 동일한 결과를 얻어보자(5.5절 참고).

1. `shapiro.test()`로 정규성 검정을 해보자.
2. `wilcox.test()`로 Wilcoxon signed-rank test를 해보자.

제 7 장

Two-Sample T-Test

7.1 소개

가장 흔한 실험 연구는 실험군과 대조군에 서로 다른 개입(intervention)을 적용시킨 후 두 집단의 평균이 같은지를 비교하여 개입 효과의 차이를 평가하는 것이다. 이 경우 two-sample t-test를 사용하는데, 쌍을 이룬 두 변수 간에 **차이의 평균이 0**인지 검정하는 paired t-test와는 달리 서로 **독립**적인 두 집단의 **평균의 차이가 0**인지를 검정한다.

two-sample t-test는 다음 순서를 따른다.

1. 두 집단의 분산이 같은지 검정한다(`var.test()`).
2. 분산이 다르면 Welch의 t-test를 적용한다(`t.test()`).
3. 분산이 같으면 pooled variance를 이용한 t-test를 적용한다(`var.equal=TRUE`).

7.2 예

데이터 `dental.csv`는 다른 두 조건(`control`, `test`)에서 배양된 뼈세포의 수(`resp`)를 측정한 자료이다. `read.csv()`로 `dental.csv`를 읽어보자.

```
> dental = read.csv("dental.csv")
> dental
   treatment resp
1       test  148
2       test  190
```

```
3       test   68
4       test   79
5       test   70
6    control   40
7    control   80
8    control   64
9    control   52
10   control   45
```

생물학 실험에서 박테리아를 배양하면 박테리아 수는 지수적으로 증가한다. 이런 데이터는 비대칭이고 log-변환을 하면 정규분포를 따르는 경우가 많다. 이 자료 역시 세포증식에 관한 데이터로 log-변환을 해야 정규분포를 따른다고 알려져 있다.

`test`와 `control` 두 그룹 간의 `resp`의 차이를 보고 싶은 경우 `dental.csv`에서와 같이 데이터를 입력한다. 어느 그룹에 속하는지 알려주는 그룹변수 `treatment`와 차이를 보고자 하는 변수 `resp`를 만든다.

데이터 입력은 1.4절의 원칙을 따른다. paired t-test에 이용된 5.2절 `FT.csv`의 경우 **실험단위**(experimental unit)인 각 사람으로부터 Prewt, Postwt 두 값을 측정했다. 그러나 `dental.csv`의 경우 실험단위는 뼈세포가 배양되는 접시로 모두 독립적이다. 그러므로 아래와 같이 데이터를 입력하지 말자.

```
  test control
1  148      40
2  190      80
3   68      64
4   79      52
5   70      45
```

7.3 이해 *

첫 번째 그룹에서 n_1개, 두번째 그룹에서 n_2개의 표본을 뽑아 Y를 측정하여 첫 번째 그룹에서 $y_{11}, y_{12}, \cdots, y_{1n_1}$을 두번째 그룹에서 $y_{21}, y_{22}, \cdots, y_{2n_2}$를 얻었다고 하자.
two-sample t-test의 검정통계량은 두 그룹의 평균의 차이를 그것의 표준오차로 나눠준 것이다.

$$\frac{\overline{y}_{1\cdot} - \overline{y}_{2\cdot}}{\sqrt{\mathrm{Var}\left(\overline{y}_{1\cdot} - \overline{y}_{2\cdot}\right)}} \tag{7.1}$$

평균 차이의 분산은

$$\mathrm{Var}\left(\overline{y}_{1\cdot} - \overline{y}_{2\cdot}\right) = \frac{\sigma_1^2}{n_1} + \frac{\sigma_2^2}{n_2}$$

이다. 그런데 여기서 두 집단의 분산이 같은가($\sigma_1^2 = \sigma_2^2$), 다른가($\sigma_1^2 \neq \sigma_2^2$)에 따라 분산의 추정 방법이 달라진다.

분산이 다른($\sigma_1^2 \neq \sigma_2^2$) 경우

두 분산이 다르다면 σ_1^2과 σ_2^2을 각 그룹에서 s_1^2와 s_2^2로 추정하여 $\mathrm{Var}\left(\overline{y}_{1\cdot} - \overline{y}_{2\cdot}\right)$을 다음과 같이 추정할 수 있다.

$$\frac{s_1^2}{n_1} + \frac{s_2^2}{n_2}$$

위의 추정치를 이용한 검정통계량이 Welch의 t-test이다.

$$t' = \frac{\overline{y}_{1\cdot} - \overline{y}_{2\cdot}}{\sqrt{\frac{s_1^2}{n_1} + \frac{s_2^2}{n_2}}} \overset{A}{\sim} t(\mathrm{df} = \nu')$$

이 t'은 t-분포를 따르지 않지만 아래와 같이 자유도를 조정하여 t-분포에 근사시킬 수 있다.

$$\nu' = \frac{\left(\frac{s_1^2}{n_1} + \frac{s_2^2}{n_2}\right)^2}{\frac{s_1^4}{n_1^2(n_1-1)} + \frac{s_2^4}{n_2^2(n_2-1)}} \tag{7.2}$$

분산이 같은($\sigma_1^2 = \sigma_2^2$) 경우

분산이 같다면($\sigma_1^2 = \sigma_2^2 = \sigma^2$) 평균차이의 분산은

$$\mathrm{Var}\left(\overline{y}_{1\cdot} - \overline{y}_{2\cdot}\right) = \frac{\sigma^2}{n_1} + \frac{\sigma^2}{n_2} = \sigma^2\left(\frac{1}{n_1} + \frac{1}{n_2}\right)$$

이고 σ^2은 아래와 같이 두 표본분산(s_1^2, s_2^2)의 가중평균으로 추정되는데, 이 s_p^2를 **pooled variance**라고 한다.

$$s_p^2 = \frac{(n_1 - 1)s_1^2 + (n_2 - 1)s_2^2}{n_1 + n_2 - 2}$$

그리고 평균차이의 분산은 다음과 같이 추정된다.

$$s_p^2 \left(\frac{1}{n_1} + \frac{1}{n_2} \right)$$

이 추정치를 이용한 아래의 검정통계량은 자유도가 $(n_1 + n_2 - 2)$인 t-분포를 따른다.

$$t = \frac{\bar{y}_{1\cdot} - \bar{y}_{2\cdot}}{s_p \sqrt{\frac{1}{n_1} + \frac{1}{n_2}}} \quad \sim \quad t(\text{df} = n_1 + n_2 - 2)$$

7.4 분석과 해석 1

Boxplot

분석 이전에 Boxplot을 그려 두 그룹의 분포의 차이가 있는지 확인한다. 그림 7.1에서 두 그룹의 평균에 차이가 있고 `test`군의 분산이 `control`군에 비해 크다는 것을 짐작할 수 있다.

```
> boxplot(resp ~ treatment, data=dental, col='red')
```

7.2절에서 설명했듯이 이 데이터는 log-normal 분포를 따르는 데이터이므로 `resp`는 log-변환을 해야 정규분포를 따른다. t-test는 정규분포 가정을 만족시켜야 하므로 `resp`대신 정규분포를 따르는 `log(resp)`를 사용해야 한다.

그림 7.2는 log-변환한 `resp`의 Boxplot이다. 여전히 두 그룹 간의 평균에 차이가 있어보이고 `test`군의 분산이 `control`군에 비해 크지만 변환 전에 비해 분산의 차이가 많이 좁혀졌음을 알 수 있다.

그림 7.1: Original scale

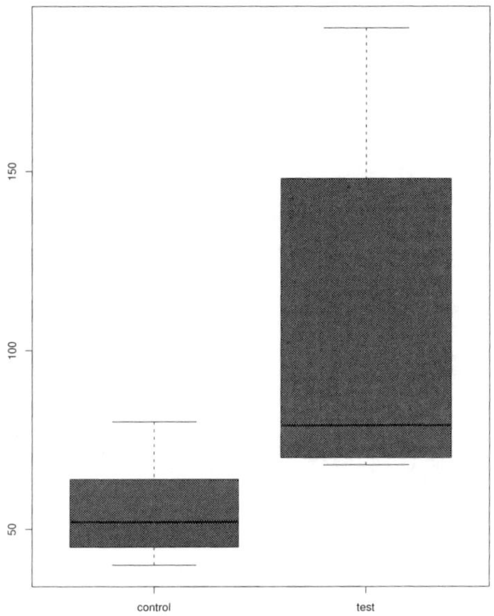

그림 7.2: Log scale

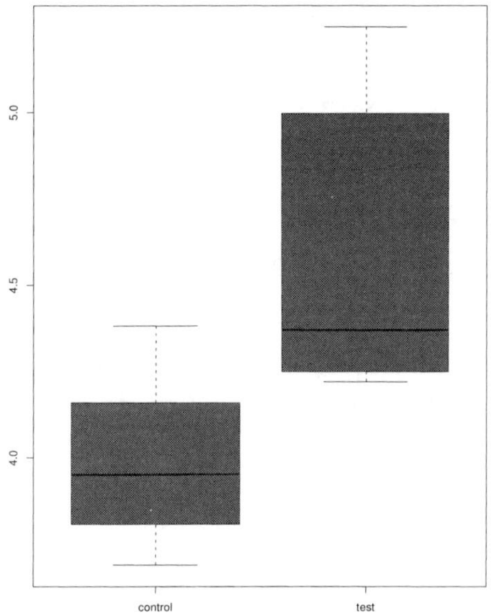


```
> boxplot(log(resp) ~ treatment, data=dental, col='red')
```

등분산 검정(Variance Equality Test)

var.test()로 두 집단의 분산이 같은지 검정할 수 있다.

var.test(y ~ 그룹변수)

log(resp)의 분산이 같은지를 검정한다.

```
> var.test(log(resp) ~ treatment, data=dental)


        F test to compare two variances

data:  log(resp) by treatment
F = 0.3432, num df = 4, denom df = 4, p-value = 0.325
alternative hypothesis: true ratio of variances is not equal to 1
```

```
95 percent confidence interval:
 0.03573413 3.29636586
sample estimates:
ratio of variances
         0.3432095
```

두 분산의 비율 s_1^2/s_2^2=**0.3432095**이고, 그 역수를 계산해보면 s_2^2/s_1^2=**2.913672**이다. 즉 test군의 분산이 control군 분산의 3배가 조금 안 된다. F(df_1=4,df_2=4) = 0.3432 (p-value=**0.325**)로 p-value가 0.05보다 크므로 분산이 같다는 귀무가설을 기각하지 못한다. 분산이 거의 3배가 차이나는데 왜 귀무가설이 기각되지 않았는지 의문을 제기할 수 있다. 그러나 표본수가 각 그룹당 5개로 매우 적으므로, 이 정도 분산 차이는 같은 분산을 가진 분포에서 표본을 추출하는 과정에서 **우연히 발생할 수 있는 차이**라고 보는 것이다.

귀무가설	H_0: $\sigma_1^2 = \sigma_2^2$
대립가설	H_a: $\sigma_1^2 \neq \sigma_2^2$
검정통계량	F(df_1=4, df_2=4) = 0.3432
p-value	0.325 > 0.05
결정	$\sigma_1^2 = \sigma_2^2$

분산이 같은 경우: pooled variance 이용

분산이 같은 경우는 `t.test()`에 `var.equal=TRUE`라는 옵션을 추가하면 pooled variance를 이용하여 two-sample t-test를 한다.

```
t.test(y ~ 그룹변수, var.equal=TRUE)
```

```
> t.test(log(resp) ~ treatment, var.equal=TRUE, data=dental)

        Two Sample t-test

data:  log(resp) by treatment
t = -2.5217, df = 8, p-value = 0.03571
```

```
alternative hypothesis: true difference in means is not equal to 0
95 percent confidence interval:
 -1.18465764 -0.05293907
sample estimates:
mean in group control    mean in group test
             3.997539              4.616337
```

t(df=8)=**-2.5217** (p-value=**0.03571**)로 평균이 같다는 귀무가설을 기각한다.

귀무가설	H_0: $\mu_1 = \mu_2$
대립가설	H_a: $\mu_1 \neq \mu_2$
검정통계량	t(df=8) = -2.5217
p-value	$0.03571 < 0.05$
결정	두 집단의 평균이 다르다.

7.5 분석과 해석 2

데이터가 log-normal 분포를 따른다는 사실을 무시하고 log-변환 없이 원래 값으로 t-test를 하면 어떻게 되나 살펴보자.

등분산 검정

```
> var.test(resp ~ treatment, data=dental)

        F test to compare two variances

data:  resp by treatment
F = 0.0849, num df = 4, denom df = 4, p-value = 0.03483
alternative hypothesis: true ratio of variances is not equal to 1
95 percent confidence interval:
 0.008840233 0.815484912
sample estimates:
```

```
ratio of variances
        0.08490628
```

두 분산의 비율 s_1^2/s_2^2=**0.0849**이고 그 역수를 계산해보면 s_2^2/s_1^2=**11.7777**이다. 즉 test 군의 분산이 control군에 비해 10배 이상 크고, F(df$_1$=4, df$_2$=4)=0.0849 (p-value=**0.03483**)으로 p-value가 0.05보다 작으므로 분산이 같다는 귀무가설이 기각된다.

귀무가설	H_0: $\sigma_1^2 = \sigma_2^2$
대립가설	H_a: $\sigma_1^2 \neq \sigma_2^2$
검정통계량	F(df$_1$=4, df$_2$=4) = 0.0849
p-value	0.03483 < 0.05
결정	$\sigma_1^2 \neq \sigma_2^2$

분산이 다른 경우: Welch의 t-test

두 집단의 분산이 다르므로 t.test()를 이용하여 Welch의 t-test를 한다.

```
t.test(y ~ 그룹변수)
```

```
> t.test(resp~treatment,data=dental)

        Welch Two Sample t-test

data:  resp by treatment
t = -2.1333, df = 4.674, p-value = 0.08988
alternative hypothesis: true difference in means is not equal to 0
95 percent confidence interval:
 -122.23919   12.63919
sample estimates:
mean in group control    mean in group test
                 56.2                 111.0
```

t(df=4.674)=**-2.1333** (p-value=**0.08988**)로 귀무가설을 기각하지 못하고 두 그룹 간의 평균의 차이가 없다는 결론을 내린다. Welch의 t-test는 자유도를 식 (7.2)로 조정하여 t-분포에 근사시킨 경우이므로 자유도는 보통 정수가 아니다.

귀무가설	H_0: $\mu_1 = \mu_2$
대립가설	H_a: $\mu_1 \neq \mu_2$
검정통계량	t(df=4.674) = -2.1333
p-value	0.08988 > 0.05
결정	평균이 같다는 귀무가설을 기각하지 못한다.

이렇듯 log-변환해야 하는 변수를 변환 없이 분석하면 유의하지 않은 결과가 나온다. 반대로 유의하지 않았던 결과가 유의하게 바뀔 수도 있다.

7.6 참고

정규성 검정

one-sample t-test의 경우 변수 자체를 `shapiro.test()`에 입력해서 정규성 검정이 수월했으나, two-sample t-test는 12장 one-way ANOVA의 특수한 경우로 ANOVA에서와 같이 관찰치에서 각 그룹의 평균을 빼준 잔차를 `shapiro.test()`에 넣어줘야 한다. `t.test()`는 잔차의 결과를 제공하지 않는다. 그러므로 12.4절의 "잔차분석"에서 소개하겠지만 `lm()`의 결과물을 `out`에 저장하면 `resp`의 잔차가 저장되어 `resid(out)`으로 정규성 검정을 할 수 있다. 잔차의 정규성 검정 결과 p-value=0.2157로 정규분포 가정에 문제가 없음을 보여준다.

```
> out = lm(log(resp) ~ treatment, data=dental)
> shapiro.test(resid(out))

        Shapiro-Wilk normality test

data:  resid(out)
W = 0.8994, p-value = 0.2157
```

Two Sample T-Test vs. Paired T-Test

사람 간의 변동량(between-subject variability)은 당연히 같은 사람을 여러 번 측정한 값의 변동량, 즉 사람 내의 변동량(within-subject variability)에 비해 훨씬 크다. 그러므로 같은 사람에게 두 가지 치료를 동시에 적용하여 차이가 있는지 조사하는 디자인(paired t-test)이, 사람들을 두 집단으로 나누어 한 집단에게는 첫 번째 치료를 다른 집단에는 두 번째 치료를 적용하여 두 평균의 차이를 구하는 디자인(two sample t-test)에 비해 훨씬 효율적이다. 그러나 두 번 반복 측정하는 paired t-test는 첫 번째 치료를 받은 시기와 두 번째 치료를 받은 시기가 다르므로 시간 효과가 있을 수 있고, 첫 번째 치료의 효과가 완전히 사라진 후 두 번째 치료를 적용해야 하는데 특히 사회과학 연구에서는 첫 번째 치료의 효과를 완전히 없애는 것이 현실적으로 쉽지 않은 경우가 많아 주의해야 한다.

7.7 Simulation *

Log-normal 분포

log-변환을 하였을 때 정규분포를 따르는 변수를 log-normal 분포를 따른다고 한다. R은 `rlnorm()`함수를 제공한다.

```
rlnorm(n=표본수, meanlog="log(x)의 평균", sdlog="log(x)의 표준편차")
```

log-변환 후 평균 2.5이고 표준편차가 0.5인 log-normal 분포를 따르는 값 10개를 시뮬레이션 해보자.

```
> rlnorm(n=10, meanlog=2.5, sdlog=0.5)
 [1]  6.662316 13.995203 20.951717  3.770287 15.098001 15.690069
 [7]  9.139722  9.269079  9.186858  7.806690
```

평균 2.5, 표준편차 0.5인 정규분포에서 값 10개를 시뮬레이션해서 exp로 변환시켜도 log-normal 분포를 시뮬레이션할 수 있다.

```
> exp(rnorm(n=10, mean=2.5, sd=0.5))
 [1]  6.662316 13.995203 20.951717  3.770287 15.098001 15.690069
 [7]  9.139722  9.269079  9.186858  7.806690
```

정규성 검정

log-normal 분포로부터 시뮬레이션한 값의 Shapiro-Wilk normality test를 10,000번 반복해보자. 다음을 시행하면 P는 10,000개의 p-value를 갖는 vector가 된다.

```
> P = NULL
> set.seed(1234)
> for(i in 1:10000) P[i]=shapiro.test(rlnorm(10,2.5,0.5))$p.value
```

4.7절에서와 같이 P<0.05의 평균을 구하면 p-value가 0.05보다 작아서 정규성 가정이 기각되는 비율을 알 수 있다. 아래 결과에서 정규분포가 아닌 log-normal 분포에서 값을 시뮬레이션했음에도 정규성 가정이 기각되는 비율이 겨우 24.47%이고 나머지 75.53%는 정규성 가정을 통과함을 알 수 있다.

```
> mean(P<0.05)
[1] 0.2447
```

다음 명령어를 반복 실행하여 여러 개의 Q-Q plot을 살펴보면 의외로 정규분포와 행태가 비슷한 표본이 많이 발견된다.

```
> x=rlnorm(n=10, meanlog=2.5, sdlog=0.5)
> qqnorm(x)
> qqline(x)
```

이런 시뮬레이션을 통해 log-변환 후 평균 2.5이고 표준편차가 0.5인 log-normal 분포를 따르는 10개의 표본이 정규분포 가정은 쉽게 통과함을 알 수 있나. 표본수를 20으로 늘려 같은 시뮬레이션을 실행해보면 정규성 가정이 기각되는 비율이 2배 이상 증가했음을 알 수 있다.

```
> for(i in 1:10000) P[i]=shapiro.test(rlnorm(20,2.5,0.5))$p.value
> mean(P<0.05)
[1] 0.5312
```

표본수가 증가할수록 기각되는 비율이 증가하는데, 이는 곧 검정력(power)이 증가하는 것이다. 이렇듯 적은 표본은 모집단을 대표하지 못하므로 잘못된 결과가 나올 가능성이 높아져 검정력이 낮아진다.

7.8 연습

5.5절을 참고하여 anorexia.csv를 읽어 anorexia로 저장한 후 변수 Treat에서 "CBT"를 배제하고 Diff(Postwt-Prewt)가 두 Treat "FT", "Cont" 간의 차이가 있는지 조사해보라.

1. Boxplot을 그려보자.

2. var.test()로 등분산 검정을 해보자.

3. t.test()로 등분산 검정 결과에 맞는 two-sample t-test를 해보자.

제 8 장

Wilcoxon Rank-Sum Test

8.1 소개

two-sample t-test에 대응하는 비모수 방법은 Wilcoxon rank-sum test이다.

8.2 이해

Wilcoxon rank-sum test는 데이터 값 자체를 사용하지 않고 그 순위를 데이터로 사용한다. 두 집단을 섞어서 순위를 구한 후, 둘 중 한 집단의 순위합을 귀무가설이 사실일(두 집단의 median이 같을) 경우의 이론적인 순위합의 분포와 비교하여 두 집단의 median이 통계적으로 유의한 차이가 있는지 검정한다.

8.3 분석과 해석

6장에서와 마찬가지로 `wilcox.test()`로 Wilcoxon rank-sum test를 사용할 수 있다. `wilcox.test()`의 사용 방법은 `t.test()`와 동일하다.

```
wilcox.test(y ~ 그룹변수)
```

```
> wilcox.test(resp ~ treatment, data=dental)


        Wilcoxon rank sum test


data:  resp by treatment
```

```
W = 3, p-value = 0.05556
alternative hypothesis: true location shift is not equal to 0
```

p-value=**0.05556**으로 0.05에 매우 근접하나 0.05보다 크므로 귀무가설을 기각할 수 없다.

데이터 `dental`은 정규분포 가정을 만족시키지 못한다. 그래서 비모수 방법을 사용하여 정규분포를 가정한 t-test의 p-value 0.08988보다 작은 **0.05556**을 얻었다. 그러나 이 데이터는 log-normal 분포를 따르는 데이터여서 `resp`를 log-변환 후 t-test를 적용하여 이보다도 적은 p-value 0.03571를 얻었다.

이렇듯 데이터가 따르는 정확한 분포를 알아내는 것이 중요하다. 잘못된 분포를 적용하면 유의한 결과를 얻어야 하는데 유의하지 않은 결과를 얻을 수 있을뿐 만 아니라 반대로 유의하지 않은 결과가 나와야 하는데 유의한 결과를 얻는 경우도 생긴다.

log-변환은 자료의 순위를 변화시키지 않는다. Wilcoxon rank-sum test는 순위를 이용한 분석이므로 log-변환한 값을 사용해도 동일한 결과를 얻는다. 그러나 자료가 0보다 커야 log-변환이 가능하다는 점을 명심하자.

```
> wilcox.test(log(resp) ~ treatment, data=dental)
```

8.4 참고

Multiple Testing 문제

`dental` 데이터의 경우 log-normal 분포를 따른다고 알려져 log-변환 후 pooled variance를 이용한 t-test를 적용하여 유의한 결과를 얻었다. 그러나 아무런 이론적 근거없이 pooled variance를 이용한 t-test나 Welch의 t-test를 원래 값, log-변환한 값, sqrt-변환한 값 기타 등등에 시도해보고, 비모수 방법까지 적용한 후 이 중 가장 작은 p-value를 제시하지는 말자. 이런 행위를 "**data fishing**"이라고 하는데, 왜 그 통계 방법을 적용했는지 정당화할 수 없다면 통계조작이라고 비난받을 수 있다.

실험에서 얻은 데이터로 가능한 모든 통계 방법을 시도한 끝에 가까스로 `sqrt`-변환한 값을 이용한 Welch의 t-test에서 p-value가 0.048인 유의한 결과를 얻어 학술지에 발표했다고 하자. 문제는 다른 사람이 동일한 조건에서 같은 실험을 반복한 후 동일한 분석 방법을 적용했을 때 똑같은 유의한 결과를 얻으리라 기대하지만, 이 결과는 여러 방법을 시도한 끝에 가장 좋은 것을 고른 것이므로 **유의한 결과가 반복되지 않을 가능성이 많다**는 것이다. 이렇게 나온 유의한 결과는 실험을 반복했을 때 또다시 가능한 모든 방법을 시도한 후 그중 가장 유의한 것을 골라야만 유의한 결과를 낚아낼 가능성이 있다.

제 9 장

상관분석(Correlation Analysis)

9.1 소개

공분산(covariance)은 두 변수가 같은 방향으로 움직이는지 다른 방향으로 움직이는지를 보여준다. 그러나 공분산은 측정된 값의 단위(scale)에 영향을 받는데, 공분산을 두 변수의 표준편차로 나누어 (-1,1) 사이의 값을 갖도록 조정한 것이 피어슨(Pearson)의 상관계수(correlation coefficient)로 두 변수의 직선관계 정도를 측정한다. 상관계수라 하면 보통 Pearson의 상관계수를 지칭하는데 비모수 방법인 Kendall의 τ, Spearman의 ρ도 있다.

9.2 이해

공분산과 Pearson의 상관계수

두 변수 x, y의 공분산은 두 변수가 같은 방향으로 움직이는 정도를 측정한다.

$$\text{cov}(x, y) = \frac{\sum_{i=1}^{n} (x_i - \overline{x})(y_i - \overline{y})}{n-1}$$

서로 쌍을 이룬 (x, y)가 같은 방향으로 움직이는 경향을 보일수록 이 값은 커진다. 그러나 공분산은 x, y의 측정 단위에 영향을 받는다. 즉 센티미터(cm)로 측정된 값의 공분산은 미터(m)로 측정된 것보다 크다.

측정 단위에 영향을 받는 공분산을 두 변수의 표준편차로 나눠준 것이 Pearson의 상관계수인데 (-1,1) 사이의 값을 갖는다. 두 변수가 같은 방향인 경향을 보이면 상관계수가 양수이고, 다른 방향인 경향을 보이면 상관계수는 음수이다. 명심해야 할 것은 Pearson의 상관계수는 **직선관계** 정도를 나타낸다는 것이다.

$$\mathrm{corr}(x, y) = \frac{\mathrm{cov}(x, y)}{\mathrm{sd}(x)\,\mathrm{sd}(y)}$$

Kendall의 τ와 Spearman의 ρ

Kendall의 τ와 Spearman의 ρ는 순위에 바탕을 둔 비모수 방법으로 측정값의 크기를 무시하고 순위만을 이용하여 두 변수가 직선관계가 아니더라도 완벽한 상관관계가 있으면 1의 값을 갖는다.

x는 `1:10`으로 1부터 10까지의 정수이고, y는 x의 완벽한 2차식으로 표현되도록 만들자 ($y = x^2$).

```
> x = 1:10
> x
 [1]  1  2  3  4  5  6  7  8  9 10
> y = x^2
> y
 [1]   1   4   9  16  25  36  49  64  81 100
```

상관계수는 `cor()`을 이용하여 구한다. `method`에는 "pearson", "kendall", "spearman"이 올 수 있는데 디폴트는 "pearson"이다.

```
cor(데이터, method="상관계수종류")
```

Pearson의 상관계수는 두 변수의 직선관계 정도를 측정하므로 `x`와 `y`가 완벽한 2차식관계임에도 불구하고 1이 아니다.

```
> cor(x,y)
[1] 0.9745586
```

그러나 Kendall의 τ나 Spearman의 ρ는 1의 값을 갖는다.

```
> cor(x,y, method="kendall")
[1] 1
> cor(x,y, method="spearman")
[1] 1
```

9.3 분석과 해석

R에 내장되어 있는 데이터 attitude의 공분산행렬과 상관계수행렬를 구해보자. 아래와 같이 cov(데이터명)을 사용하면 모든 변수의 쌍에 대한 공분산을 구해준다. 행과 열이 같은 곳(같은 변수가 만나는 곳)의 공분산은 그 변수의 분산이다.

```
> cov(attitude)
              rating complaints privileges  learning    raises critical   advance
rating     148.17126  133.77931   63.46437  89.10460  74.68851 18.84253  19.42299
complaints 133.77931  177.28276   90.95172  93.25517  92.64138 24.73103  30.76552
privileges  63.46437   90.95172  149.70575  70.84598  56.67126 17.82529  43.21609
learning    89.10460   93.25517   70.84598 137.75747  78.13908 13.46782  64.19770
raises      74.68851   92.64138   56.67126  78.13908 108.10230 38.77356  61.42299
critical    18.84253   24.73103   17.82529  13.46782  38.77356 97.90920  28.84598
advance     19.42299   30.76552   43.21609  64.19770  61.42299 28.84598 105.85747
```

상관계수행렬은 cor(데이터)로 구한다. 같은 변수 간의 상관관계는 당연히 1이다.

```
> cor(attitude)
              rating complaints privileges  learning    raises  critical   advance
rating     1.0000000  0.8254176  0.4261169 0.6236782 0.5901390 0.1564392 0.1550863
complaints 0.8254176  1.0000000  0.5582882 0.5967358 0.6691975 0.1877143 0.2245796
privileges 0.4261169  0.5582882  1.0000000 0.4933310 0.4454779 0.1472331 0.3432934
learning   0.6236782  0.5967358  0.4933310 1.0000000 0.6403144 0.1159652 0.5316198
raises     0.5901390  0.6691975  0.4454779 0.6403144 1.0000000 0.3768830 0.5741862
critical   0.1564392  0.1877143  0.1472331 0.1159652 0.3768830 1.0000000 0.2833432
advance    0.1550863  0.2245796  0.3432934 0.5316198 0.5741862 0.2833432 1.0000000
```

이 경우 결측치가 없으나 만약 하나라도 결측치(missing)가 있으면 NA를 출력한다. 이를 방지하려면 use="pairwise.complete.obs"를 사용해야 한다.

```
cor(데이터, method="상관계수종류", use="pairwise.complete.obs")
```

두 변수 rating, complaints 간의 상관계수는

```
> with(attitude, cor(rating, complaints))
[1] 0.8254176
```

cor()는 상관계수만을 보여준다. p-value를 알고 싶다면 cor.test()를 이용한다.

```
> with(attitude, cor.test(rating, complaints))

        Pearson's product-moment correlation

data:  rating and complaints
t = 7.737, df = 28, p-value = 1.988e-08
alternative hypothesis: true correlation is not equal to 0
95 percent confidence interval:
 0.6620128 0.9139139
sample estimates:
      cor
0.8254176
```

cor.test()도 cor()과 마찬가지로 Kendall의 τ는 method="kendall"을, Spearman의 ρ는 method="spearman"을 사용한다.

```
> with(attitude, cor.test(rating, complaints,method="kendall"))

        Kendall's rank correlation tau

data:  rating and complaints
z = 5.0074, p-value = 5.518e-07
alternative hypothesis: true tau is not equal to 0
sample estimates:
      tau
0.6549712

Warning message:
```

```
In cor.test.default(rating, complaints, method = "kendall") :
  Cannot compute exact p-value with ties
```

9.4 Simulation *

5.6절에서 소개했듯이 multivariate normal 분포는 MASS library를 부른 후

```
> library(MASS)
```

mvrnorm()을 이용하여 시뮬레이션한다.

mvrnorm(n=표본수, mu=평균, Sigma=공분산행렬)

5.6절에서 사용한 attitude의 평균과 공분산행렬을 이용하여 multivariate normal 분포로부터 같은 수의 데이터를 시뮬레이션할 수 있다. colMeans()로 각 변수의 평균을 구한다.

```
> mvrnorm(n=nrow(attitude), mu=colMeans(attitude), Sigma=cov(attitude))
       rating complaints privileges learning   raises critical  advance
 [1,] 39.67721   54.49256   46.13584 50.78676 48.49649 74.39339 47.43249
 [2,] 64.57578   66.51698   70.28853 67.42044 58.20222 58.21694 42.34699
 [3,] 77.06979   82.65088   51.62400 66.41079 86.54993 61.12645 45.89361
 [4,] 48.10715   41.49932   22.38618 31.48501 45.95344 62.93750 32.31074
 .
 .
[30,] 60.40525   66.39273   35.49956 42.90621 54.70341 73.98513 28.91552
```

위에서 데이터 attitude의 관측치의 수를 nrow()를 사용해서 구했다. ncol()은 변수의 수를 구해준다.

```
> nrow(attitude)
[1] 30
> ncol(attitude)
[1] 7
```

제 10 장

단순회귀분석(Simple Linear Regression)

10.1 소개

단순회귀분석은 하나의 종속변수와 하나의 설명변수 간의 관계를 직선으로 표현하는 방법이다. **종속변수**는 설명하고 싶은 변수이고, 종속변수를 설명하려는 변수가 **설명변수** 또는 **독립변수**이다. 둘 이상의 설명변수가 있을 때는 다중회귀분석(11장)을 이용한다.

10.2 이해

단순회귀분석에서 종속변수가 설명변수의 직선관계로 설명된다고 가정한다.

$$y_i = \beta_0 + \beta_1 x_i$$

직선, 즉 y-절편(β_0)과 기울기(β_1)는 잔차의 제곱의 합을 최소화시키는 최소제곱법(least-squares estimation)으로 추정된다. 여기서 잔차(residual)는 관찰치 y_i와 추정치 $\widehat{y}_i = \beta_0 + \beta_1 x_i$의 차이이다.

세 개의 관찰치를 가진 간단한 데이터를 예로 들어 설명하자.

x	y	$\widehat{y}$	잔차 $(y - \widehat{y})$
1	11	$\beta_0 + \beta_1 \times 1$	11 - $(\beta_0 + \beta_1 \times 1)$
2	17	$\beta_0 + \beta_1 \times 2$	17 - $(\beta_0 + \beta_1 \times 2)$
3	20	$\beta_0 + \beta_1 \times 3$	20 - $(\beta_0 + \beta_1 \times 3)$

잔차의 제곱의 합인 아래 식을 최소화시키는 (β_0,β_1)을 구한다.

$$\begin{aligned}
&\{11-(\beta_0+\beta_1\cdot 1)\}^2+\{17-(\beta_0+\beta_1\cdot 2)\}^2+\{20-(\beta_0+\beta_1\cdot 3)\}^2 \\
&=14\beta_1^2+3\beta_0^2+12\beta_0\beta_1-210\beta_1-96\beta_0+810 \qquad (10.1)
\end{aligned}$$

식 (10.1)을 최소화시키는 (β_0,β_1)을 증명없이 소개하자면 다음과 같다.

$$\begin{aligned}
\widehat{\beta}_1 &= \frac{\mathrm{cov}(x,y)}{\mathrm{var}(x)} = 4.5 \\
\widehat{\beta}_0 &= \overline{y} - \widehat{\beta}_1\overline{x} = 7
\end{aligned}$$

10.3 예 1

데이터 cars를 이용하자. cars는 차의 속도(speed)와 급브레이크를 밟았을 때 멈추기까지 걸린 거리(dist)를 측정한 것이다.

```
> cars = read.csv("cars.csv")
> cars
  speed dist
1     4    2
2     4   10
3     7    4
4     7   22
5     8   16
.     .    .
.     .    .
49   24  120
50   25   85
```

10.4 분석과 해석: 예 1

단순회귀모형

lm()을 이용해서 단순회귀분석을 할 수 있다. lm()의 결과물을 out으로 저장하면 나중에 사용하기 편리하다.

lm(종속변수 ~ 독립변수)

```
> out = lm(dist ~ speed, data=cars)
> out

Call:
lm(formula = dist ~ speed, data = cars)

Coefficients:
(Intercept)        speed
    -17.579        3.932
```

단순히 회귀식만 알고 싶다면 위와 같이 회귀분석 결과물인 out을 실행하면 된다. 그러나 자세한 분석 결과를 알고 싶다면 summary(out)를 실행해야 한다.

```
> summary(out)

Call:
lm(formula = dist ~ speed, data = cars)

Residuals:
    Min      1Q  Median      3Q     Max
-29.069  -9.525  -2.272   9.215  43.201

Coefficients:
            Estimate Std. Error t value Pr(>|t|)
(Intercept) -17.5791     6.7584  -2.601   0.0123 *
speed         3.9324     0.4155   9.464 1.49e-12 ***
---
```

```
Residual standard error: 15.38 on 48 degrees of freedom
Multiple R-squared: 0.6511,     Adjusted R-squared: 0.6438
F-statistic: 89.57 on 1 and 48 DF,  p-value: 1.490e-12
```

위의 결과는 아래와 같이 요약된다.

y-절편	-17.5791	
기울기	3.9324	p-value=$1.49 \cdot 10^{-12}$
R^2	0.6511	
R_a^2	0.6438	
F(df1=1,df2=48)	89.57	p-value=$1.49 \cdot 10^{-12}$

추정된 회귀식은 $\text{dist}_i = -17.5791 + 3.9325 \cdot \text{speed}_i$이다. y-절편 -17.5791은 speed가 0일 때 dist의 값인데 대부분의 경우 특별한 의미는 없으며, 기울기는 speed가 1 증가할 때 dist가 3.9324 증가한다고 해석하고 이 기울기의 p-value가 유의한가는 모형 자체가, 즉 독립변수 speed가 유의한가를 의미한다. 이 경우 기울기 $\widehat{\beta}_1$의 p-value는 매우 작으므로 회귀식은 유의하다.

결정계수(coefficient of determination), R^2는 모형의 설명력을 평가해준다. 다중회귀분석에서 아무리 설명력 없는 독립변수를 모형에 추가하더라도 R^2는 조금이라도 커진다. 이런 현상을 보정한 R^2가 adjusted R^2(R_a^2)로 모형의 독립변수의 수를 벌칙으로 작용한다. 그래서 독립변수를 추가하여 발생하는 설명력의 증가가 늘어난 독립변수의 수로 인해 생기는 벌칙을 능가하지 못하면 R_a^2는 오히려 감소한다. 그래서 R_a^2는 독립변수의 수가 다른 회귀모형 간에 설명력을 비교하는 데 유용하다.

단순회귀분석에서만 성립하는 다음을 눈여겨 보자.

- cor()로 구한 Pearson 상관계수를 제곱하면 R^2와 동일하다.

```
> with(cars, cor(speed,dist))^2
[1] 0.6510794
```

- cor.test()로 구한 Pearson 상관계수의 t(df=48)=9.464 (p-value = $1.49 \cdot 10^{-12}$)은 위의 회귀분석에서 기울기의 t값, p-value와 일치한다.

```
> with(cars, cor.test(speed,dist))

        Pearson's product-moment correlation

data:  speed and dist
t = 9.464, df = 48, p-value = 1.49e-12
alternative hypothesis: true correlation is not equal to 0
95 percent confidence interval:
 0.6816422 0.8862036
sample estimates:
      cor
0.8068949
```

- speed의 t값인 9.464의 제곱은 89.5673로 모형의 적합성을 나타내는 F값 89.57과 일치하고 당연히 p-value도 $1.49 \cdot 10^{-12}$로 동일하다. 모형에 speed 하나만 들어가므로 그 변수가 유의한지는 모형 자체의 유의성과 동일하기 때문이다.

다음 두 명령어를 차례로 실행하면 그림 10.1을 얻을 수 있다. 두번째 명령어는 lm()의 결과물인 out에서 회귀식 정보를 받아 abline(out)으로 회귀식을 추가한다.

```
> plot(dist ~ speed, data=cars, col="blue")
> abline(out, col="red")
```

No intercept Model

대부분의 사람들은 위의 모형에서 만족할 것이다. 그러나 잘 생각해보면 차의 속도(speed)가 0일 때는 차가 정지 상태이므로 멈출기까지 걸린 거리(distance)는 당연히 0이어야 한다. 즉 y-절편은 필요하지 않다. R에서는 아래와 같이 "-1"로 모형에서 y-절편을 제거할 수 있다.

```
> summary(lm(dist ~ speed - 1, data=cars))

Call:
```

그림 10.1: Original scale

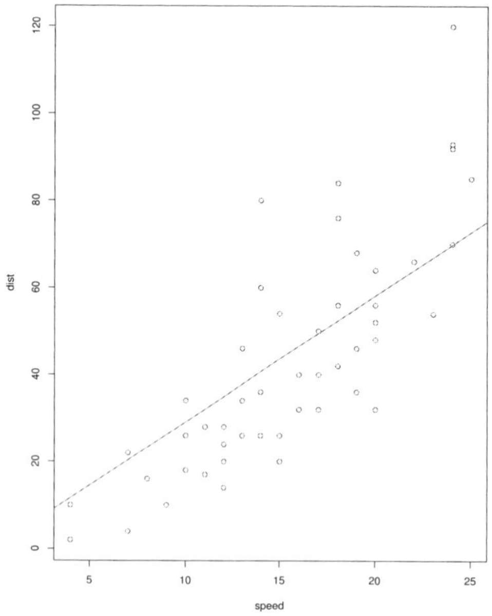

그림 10.2: Square root scale

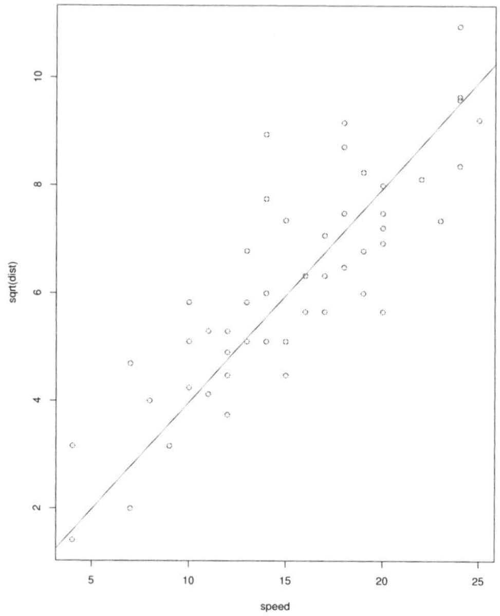

```
lm(formula = dist ~ speed - 1, data = cars)

Residuals:
    Min      1Q  Median      3Q     Max
-26.183 -12.637  -5.455   4.590  50.181

Coefficients:
      Estimate Std. Error t value Pr(>|t|)
speed   2.9091     0.1414   20.58   <2e-16 ***
---

Residual standard error: 16.26 on 49 degrees of freedom
Multiple R-squared: 0.8963,     Adjusted R-squared: 0.8942
F-statistic: 423.5 on 1 and 49 DF,  p-value: < 2.2e-16
```

아래와 같은 관계가 추정됨을 알 수 있다.

$$\text{dist}_i = 2.9091\,\text{speed}_i$$

그림 10.3: log-변환

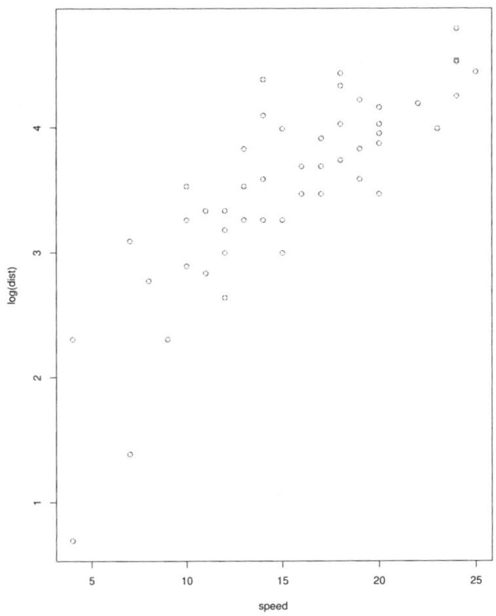

그림 10.4: sqrt-변환

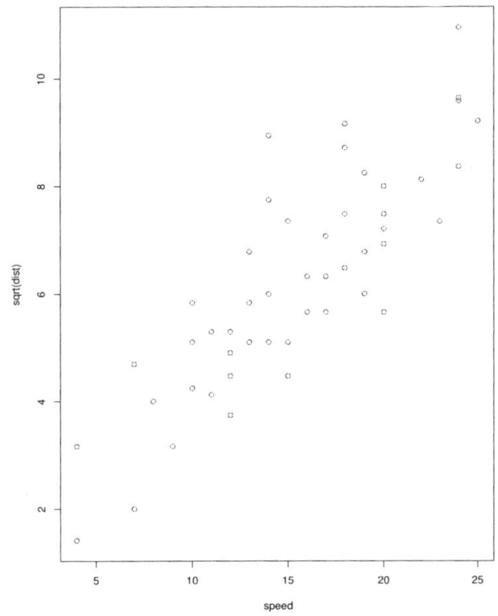

최종선택: Sqrt-변환

그림 10.1에서 `speed`와 `dist`는 2차식의 패턴을 보일 뿐만 아니라, `speed`가 증가하면서 `dist`의 퍼진 정도가 점점 커짐을 알 수 있다. 보통 이런 경우 `log()`나 `sqrt()`로 종속변수를 변환시키면 분산이 일정해지기도 한다.

그림 10.3은 `log`-변환 결과이고, 그림 10.4는 `sqrt`-변환 결과이다. `sqrt`-변환이 `log`-변환보다 선형에 가깝고 분산도 많이 평평해졌음을 알 수 있다.

```
> plot(log(dist) ~ speed, data=cars)
> plot(sqrt(dist) ~ speed, data=cars)
```

종속변수를 sqrt-변환한 $\sqrt{\text{dist}}$로 다음과 같이 회귀분석을 할 수 있다.

`lm(sqrt(종속변수) ~ 독립변수)`

y-절편도 없애준 다음의 모형이 저자가 생각하는 cars 데이터에 맞는 최적의 모형이다.

```
> out2 = lm(sqrt(dist)~speed-1,data=cars)
> summary(out2)

Call:
lm(formula = sqrt(dist) ~ speed - 1, data = cars)

Residuals:
     Min       1Q   Median       3Q      Max
-2.27813 -0.69718  0.02079  0.79650  3.38978

Coefficients:
      Estimate Std. Error t value Pr(>|t|)
speed  0.39675    0.01015   39.09   <2e-16 ***
---

Residual standard error: 1.167 on 49 degrees of freedom
Multiple R-squared: 0.9689,     Adjusted R-squared: 0.9683
F-statistic:  1528 on 1 and 49 DF,  p-value: < 2.2e-16
```

$$\sqrt{\text{dist}_i} = 0.39675\,\text{speed}_i \tag{10.2}$$

이 모형은 $\sqrt{\text{dist}}$와 speed가 선형관계이므로, dist와 speed는 11.6절에 다항회귀모형과 같이 2차관계임을 알 수 있다.

$$\text{dist}_i = 0.39675^2\,\text{speed}_i^2$$

그림 10.1은 데이터가 추정된 회귀선을 약간 벗어나는 곡선의 형태를 보이지만 그림 10.2는 데이터가 추정된 회귀식에 잘 맞음을 확인할 수 있다.

회귀진단

잔차는 관찰치와 추정치와의 차이이다. 잘 적합된 모형에서 나온 잔차는 정규분포를 따라야 하고, 분산이 일정하고, 특별한 추세를 보이지 않아야 한다. 잔차는 중요한 정보를 가지고 있어서는 안 되는 찌꺼기이다. 잔차가 추세를 보인다면 모형에 포함되어야 할 정보가 빠졌다는 증거이다.

그림 10.5: Diagnosis

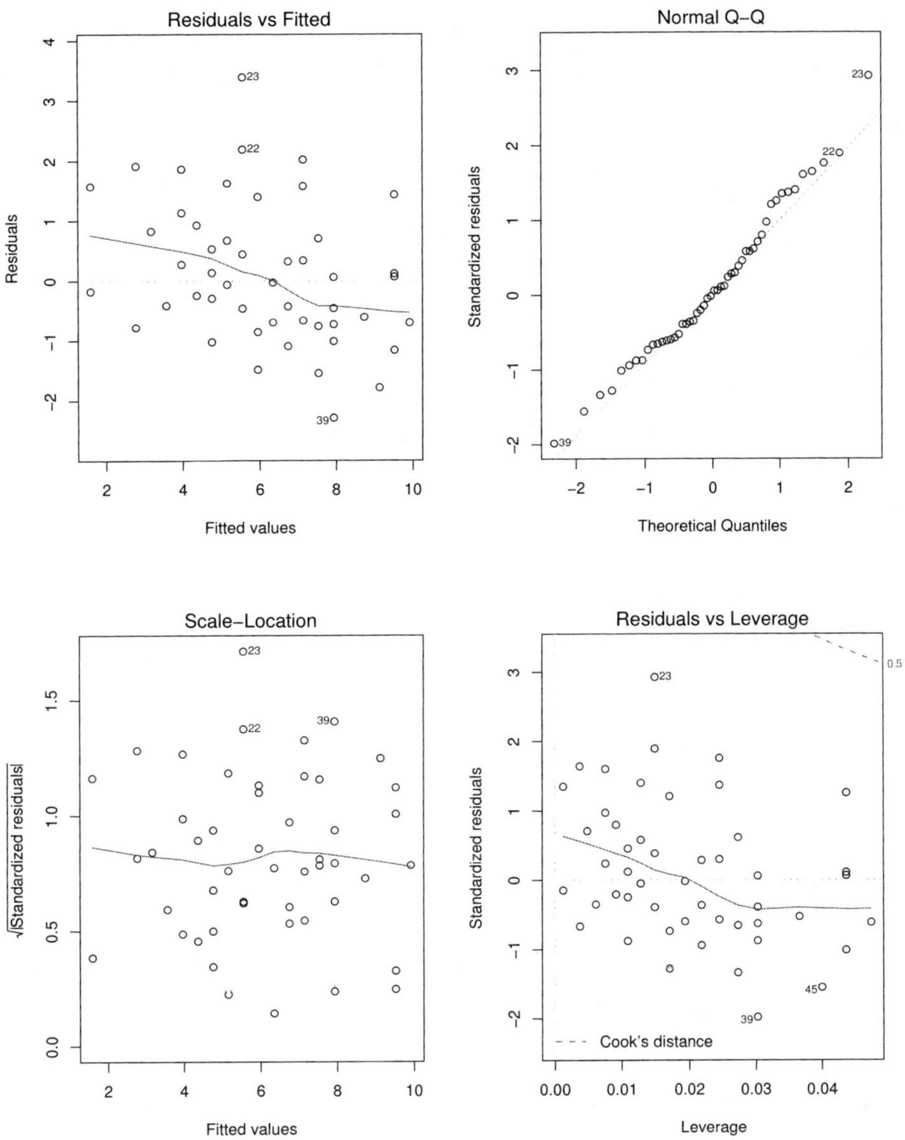

out2로 저장된 결과를 plot()을 이용하여 회귀진단에 필요한 그래프를 얻을 수 있다 (그림 10.5). par(mfrow=c(2,2))는 가로 2개, 세로 2개 총 4개의 그래프를 한 그림에 그리게 해주는 명령어이다. 표준화된 잔차의 Normal Q-Q plot이 직선에 가깝고 다른 그래프들도 별다른 추세를 보이지 않는다.

```
> par(mfrow=c(2,2))
```

```
> plot(out2)
```

10.8절에서 자세히 다루겠지만 `resid()`을 이용하면 회귀분석 결과물로부터 잔차를 얻을 수 있다. 이렇게 받은 잔차에 아래의 명령어를 이용하여 그림 10.5의 Normal Q-Q plot을 그릴 수 있다.

```
> qqnorm(resid(out2))
> qqline(resid(out2))
```

Normal Q-Q plot을 이용하여 잔차가 정규분포를 따르는지 그래프로 확인할 수 있다. 그러나 정확한 p-value를 알고 싶다면 `shapiro.test()`를 이용하여 잔차가 정규분포를 따르는지 검정한다. p-value=0.5185로 잔차는 정규분포 가정을 만족시킨다.

```
> shapiro.test(resid(out2))

        Shapiro-Wilk normality test

data:  resid(out2)
W = 0.9792, p-value = 0.5185
```

10.5 예 2

one_comp.csv는 약 50mg를 정맥으로 투여한 후 시간별로 혈중 농도를 측정한 데이터이다. 시간(`time`)의 단위는 hour이고 혈중농도(`conc`)의 단위는 mg/L이다.

```
> one.comp=read.csv("one_comp.csv")
> one.comp
  time  conc
1 0.25 36.70
2 0.50 28.30
3 0.80 25.00
4 1.10 21.10
5 1.75 14.80
6 2.00 10.40
```

그림 10.6: Original Scale

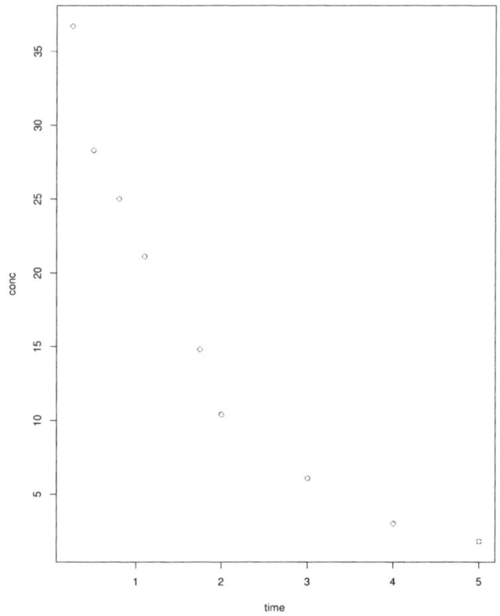

그림 10.7: log-변환

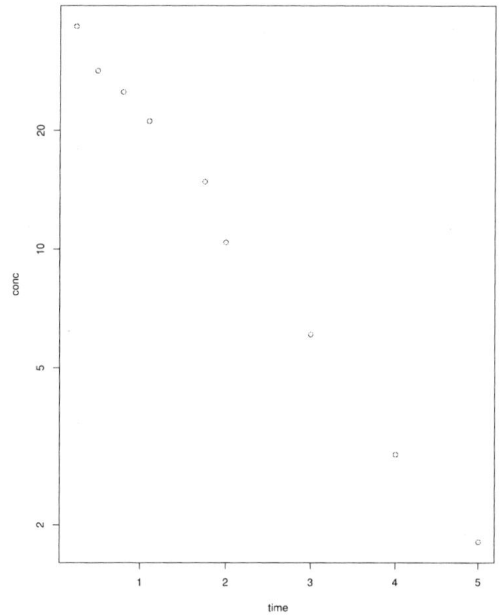

```
7 3.00  6.07
8 4.00  3.01
9 5.00  1.81
```

Log-변환

그림 10.6의 plot을 그려보자.

```
> plot(conc~time, data=one.comp)
```

`time`과 `conc`가 직선관계라고 보기 힘들다. 사실 이 데이터는 Pharmacokinetics에서 one-compartment model이라고 부르며 아래의 모형을 따른다(20.1절).

$$C_t = C_0\, e^{-K \cdot t} \tag{10.3}$$

`log`를 취하면 선형이 되는데 보통 농도 데이터는 `log`-변환을 해야 정규분포를 따르는 log-normal 분포를 따른다.

$$\ln C_t = \ln C_0 \;-\; K \cdot t \tag{10.4}$$

log-변환으로 선형이 되므로 conc와 time은 식 (10.3)과 같이 지수관계임을 알 수 있다.

아래 두 명령어는 모두 log(conc)와 time의 산포도를 그리는 명령어이다. 두 번째 명령어에서처럼 log="y"를 사용하면 y-축에 log-변환 전 y값을 보여준다. 그림 10.7은 두 번째 명령어를 사용했다.

```
> plot(log(conc)~time, data=one.comp)
> plot(conc~time, data=one.comp, log="y")
```

10.6 분석과 해석: 예 2

모형적합(Model Fitting)

식 (10.4)와 같이 log-변환된 conc을 time으로 회귀분석 해보자.

```
> summary(lm(log(conc)~time, data=one.comp))

Call:
lm(formula = log(conc) ~ time, data = one.comp)

Residuals:
     Min       1Q   Median       3Q      Max
-0.10308 -0.05859  0.00874  0.04190  0.09032

Coefficients:
            Estimate Std. Error t value Pr(>|t|)
(Intercept)  3.72031    0.03809   97.68 3.10e-12 ***
time        -0.63771    0.01485  -42.95 9.68e-10 ***
---
Signif. codes:  0 '***' 0.001 '**' 0.01 '*' 0.05 '.' 0.1 ' ' 1

Residual standard error: 0.06901 on 7 degrees of freedom
Multiple R-squared: 0.9962,     Adjusted R-squared: 0.9957
F-statistic:  1845 on 1 and 7 DF,  p-value: 9.676e-10
```

농도 (C_t)와 시간 (t)은 다음과 같은 관계가 있음을 알 수 있다.

$$\ln C_t = 3.72031 \; - 0.63771 \cdot t$$

C_t로 다시 exp로 변환시키면 다음과 같다.

$$C_t = e^{3.72031 \, - 0.63771 \cdot t} = 41.27719 \, e^{-0.63771 \cdot t} \tag{10.5}$$

회귀진단: 잘못된 모형의 경우

log-변환 전 원래 conc를 종속변수로 이용한 회귀분석의 결과로 회귀진단을 해보자.

```
> out = lm(conc ~ time, data=one.comp)
> par(mfrow=c(2,2))
> plot(out)
```

그림 10.8은 잘못된 모형을 사용하면 어떻게 되는지를 확실히 보여준다. Normal Q-Q plot은 두 관찰치를 제외하면 크게 벗어나 보이지 않지만 다른 plot들은 바람직하지 못한 추세를 보인다.

10.7 모형과 R 명령어

지금까지 쓰인 모형과 각 모형에 해낭하는 R 명령어를 아래에 정리해놓았다.

Model	R code
$y = \beta_0 + \beta_1 x$	`y ~ x`
$y = \beta x$	`y ~ x   1`
$\sqrt{y} = \beta_0 + \beta_1 x$	`sqrt(y) ~ x`
$\sqrt{y} = \beta x$	`sqrt(y) ~ x - 1`
$\ln y = \beta_0 + \beta_1 x$	`log(y) ~ x`

그림 10.8: 잘못된 모형적합

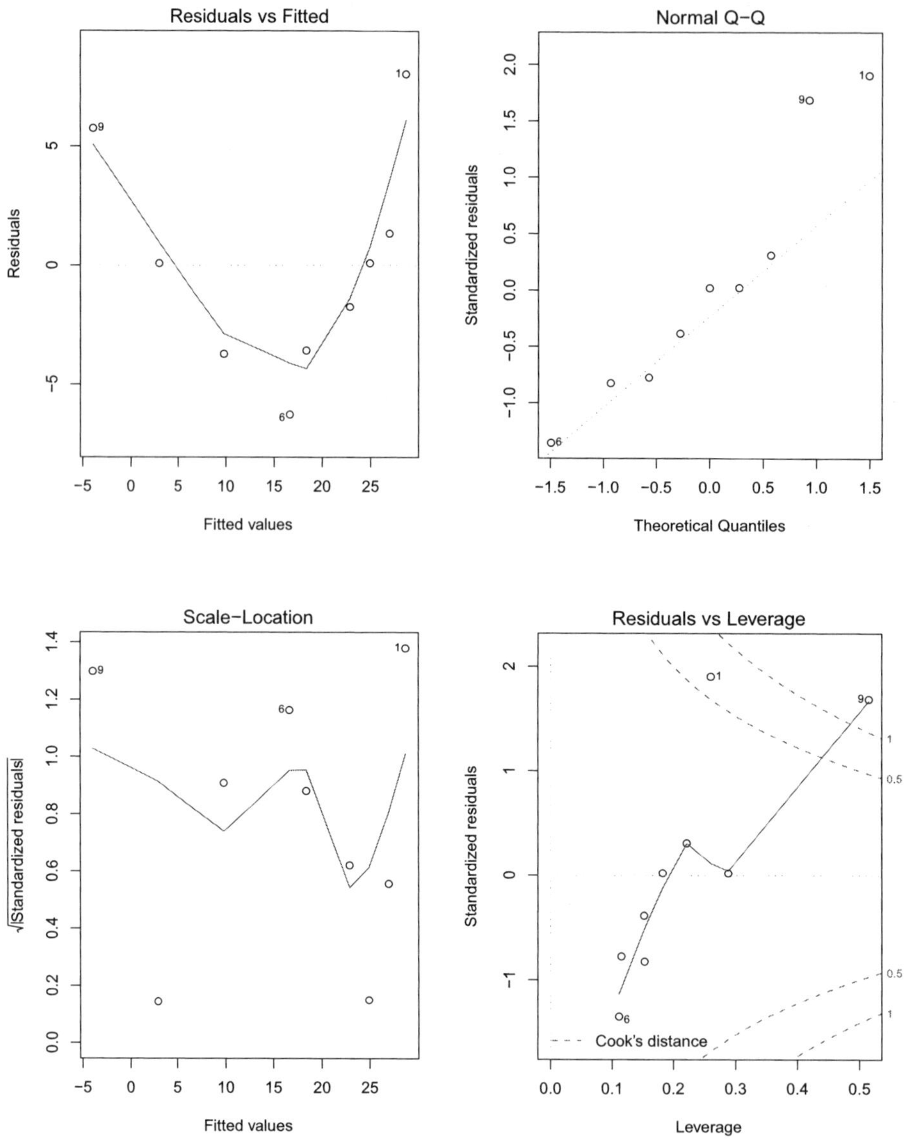

10.8 R 결과물에서 통계값 추출 *

y-절편이 있는 모형을 사용하여 R 결과물에서 어떻게 통계값들을 추출해낼 수 있는지 보자.

```
> out = lm(dist ~ speed, data=cars)
```

결과물 out에서 어떤 값들을 얻을 수 있는지 보자.

```
> names(out)
 [1] "coefficients"  "residuals"     "effects"       "rank"
 [5] "fitted.values" "assign"        "qr"            "df.residual"
 [9] "xlevels"       "call"          "terms"         "model"
```

다음과 같이 결과물과 이름을 $로 결합하면 각 결과물의 값을 알 수 있다.

```
> out$rank
[1] 2
> out$df.residual
[1] 48
```

회귀계수

coef()로 회귀계수를 얻는다.

```
> B = coef(out)
> B
(Intercept)       speed
 -17.579095    3.932409
```

개인적인 취향이지만, 다음과 같이 해도 동일한 결과를 얻고 짧게 쓰는 것이 허용된다.

```
> out$coefficient
(Intercept)       speed
 -17.579095    3.932409
> out$co
(Intercept)       speed
 -17.579095    3.932409
> out$coe
(Intercept)       speed
 -17.579095    3.932409
> out$coef
```

```
(Intercept)       speed
 -17.579095    3.932409
> out$coeff
(Intercept)       speed
 -17.579095    3.932409
```

예측치 (Predicted Value)

fitted()로 예측치를 얻는다.

```
> fitted(out)
        1          2          3          4          5          6          7
-1.849460 -1.849460  9.947766  9.947766 13.880175 17.812584 21.744993
        8          9         10         11         12         13         14
21.744993 21.744993 25.677401 25.677401 29.609810 29.609810 29.609810
        .
        .
       50
80.731124
```

위의 예측치 $\widehat{y}_i$은 $\widehat{\beta}_0 + \widehat{\beta}_1 x_i$로 아래와 같이 추정된 기울기(B[2])와 speed의 곱을 추정된 y-절편(B[1])에 더해주어 구한다.

```
> yhat = B[1]+B[2]*cars$speed
> yhat
 [1] -1.849460 -1.849460  9.947766  9.947766 13.880175 17.812584
 [7] 21.744993 21.744993 21.744993 25.677401 25.677401 29.609810
  .
  .
[49] 76.798715 80.731124
```

잔차 (Residuals)

`resid()`로 잔차를 얻는다.

```
> resid(out)
        1          2          3          4          5          6
 3.849460  11.849460  -5.947766  12.052234   2.119825  -7.812584
        7          8          9         10         11         12
-3.744993   4.255007  12.255007  -8.677401   2.322599 -15.609810
        .
        .
       49         50
43.201285   4.268876
```

위의 잔차는 $y_i - \widehat{y}_i$로 관찰치와 예측치의 차이다.

```
> cars$dist - yhat
 [1]   3.849460  11.849460  -5.947766  12.052234   2.119825
 [6]  -7.812584  -3.744993   4.255007  12.255007  -8.677401
  .
  .
[46]  -6.798715  15.201285  16.201285  43.201285   4.268876
```

Residual Standard Error $\widehat{\sigma}$

`summary(out)`으로 출력되는 residual standard error $\widehat{\sigma}$은 아래와 같이 구한다.

```
> summary(out)$sigma
[1] 15.37959
```

이 값은 잔차의 제곱합을 $n-2$로 나누면 $\widehat{\sigma}^2$인데 residual standard error $\widehat{\sigma}$는 $\sqrt{\widehat{\sigma}^2}$이다.

```
> sqrt(sum(resid(out)^2)/(length(cars$dist)-2))
[1] 15.37959
```

10.9 Simulation *

cars 데이터

`cars.csv`를 위한 최종적으로 추정된 모형에 오차 e_i를 추가하면 아래와 같고, 결과물에서 residual standard error 즉 $\widehat{\sigma}$가 1.167이므로 e_i를 평균이 0이고 분산이 1.167^2인 정규분포에서 시뮬레이션할 수 있다.

$$\sqrt{\text{dist}_i} = 0.39675\,\text{speed}_i + e_i\,, \quad e_i \sim N(0\,,\,1.167^2)$$

결국 $\sqrt{\text{dist}_i}$는 평균이 $0.39675\,\text{speed}_i$이고, 분산이 1.167^2인 정규분포를 따른다.

$$\sqrt{\text{dist}_i} \;\sim\; N(0.39675\,\text{speed}_i\,,\,1.167^2)$$

그러므로 $\sqrt{\text{dist}_i}$를 아래와 같이 `rnorm()`으로부터 시뮬레이션한 후 제곱을 하면 dist_i를 시뮬레이션할 수 있다.

$$\text{rnorm(n=표본수, mean=}\widehat{y}\text{, sd=}\widehat{\sigma}\text{)}$$

데이터를 하나 시뮬레이션하여 산포도(그림 10.9)를 그려보면 원래 데이터와 상당히 비슷함을 알 수 있다.

```
> out = lm(sqrt(dist) ~ speed-1, data=cars)
> dist = rnorm(n=nrow(cars),mean=fitted(out),sd=summary(out)$sigma)^2
> plot(dist ~ cars$speed)
```

one.comp 데이터

`one.comp` 데이터에서 추정된 모형으로부터 농도(C_t)와 시간(t)의 관계를 다음과 같은 표현할 수 있다. 모형에서 추정된 residual standard error $\widehat{\sigma}$는 0.06901이다.

$$\ln C_t \;\sim\; N(3.7203\,-\,0.6377\cdot t\,,\,0.06901^2)$$

`cars`에서와 마찬가지로 $\ln C_t$를 시뮬레이션한 후 exp()로 변환시켜서 C_t를 시뮬레이션한다.

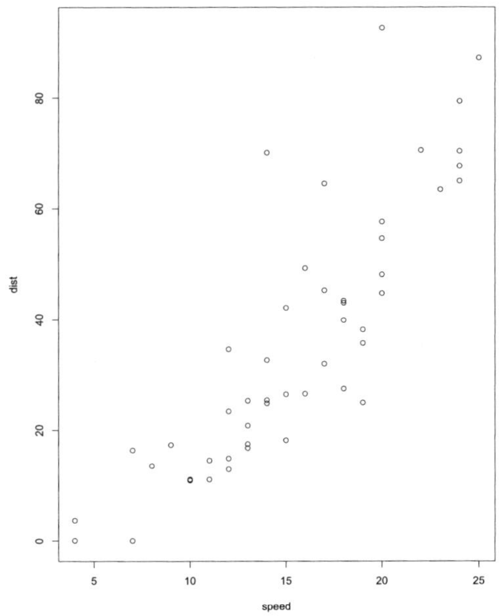

그림 10.9: Simulated cars

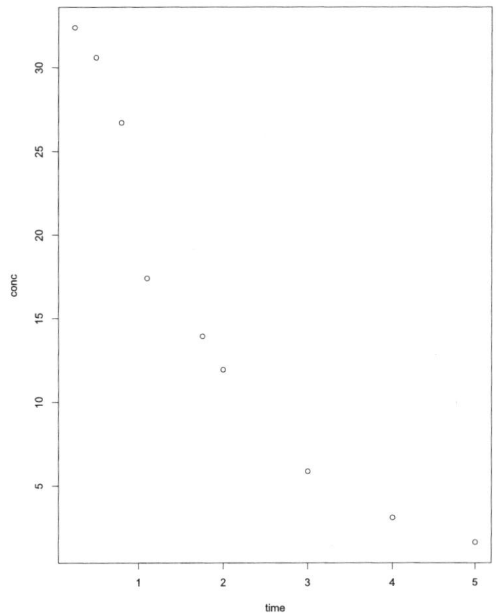

그림 10.10: Simulated one_comp

```
> out = lm(log(conc)~time, data=one.comp)
> conc = exp(rnorm(n=nrow(one.comp),mean=fitted(out),sd=summary(out)$sigma))
```

plot()으로 산포도(그림 10.10)를 얻는다.

```
> plot(conc ~ one.comp$time)
```

여기서 사용된 시뮬레이션 방법은 앞으로 다룰 다중회귀분석, 분산분석, 공분산분석에 동일하게 적용된다.

10.10 연습

one_comp.csv를 이용하여 log(conc)를 종속변수, time을 설명변수로 회귀분석한 결과의 회귀진단을 해보아라.

제 11 장

다중회귀분석(Multiple Regression)

11.1 소개

Confirmatory Analysis vs Exploratory Analysis

다중회귀분석은 단순회귀분석과는 달리 독립변수가 2개 이상인 경우에 사용한다. 모형선택이 적용하고자 하는 이론에 근거를 둔 경우 이에 대한 분석을 **confirmatory analysis**라 한다. 반면 적용할 이론을 사전에 정해놓지 않고 가능한 여러 모형을 고려한 후 가장 적절한 모형을 고르는 분석은 **exploratory analysis**라 한다.

exploratory analysis는 수집한 데이터에 가장 잘 맞는 모형을 찾아내는 방법으로, 모형의 설명력은 높지만 그 모형을 다른 데이터에 적용하여 일반화시켰을 때 잘 맞으리라는 보장이 없다는 단점을 가지고 있다.

이 장에서는 두 가지 예로 exploratory analysis를 설명하고, 다중회귀모형의 특수한 경우인 다항회귀분석(polynomial regression)을 소개하고자 한다.

모형선택(Model Selection)

exploratory analysis에서 독립변수의 수가 많아 꼭 필요한 독립변수만 모형에 넣고 싶다면 모형선택 과정을 거친다. 회귀모형에 포함할 독립변수들을 선택할 때 기본적으로 아래의 기준을 따른다.

① 종속변수와 상관관계가 높아야 한다.

② 선택된 독립변수들 간에는 상관관계가 낮아야 한다.

③ 소수정예의 원칙을 따른다.

독립변수들 간의 상관관계가 높다는 것은 중복된 정보를 모형에 넣어준다는 뜻이므로 변수의 낭비임을 의미할 뿐 아니라 계산상으로도 문제를 일으킬 수 있다(예 multicollinearity).

모형선택에는 가능한 모든 독립변수들의 조합들로 모형을 만들어 서로 비교하는 **all possible regressions**, 가장 유의한 변수부터 덜 유의한 변수순으로 하나씩 추가시키는 **forward selection**, 모든 변수를 넣고 가장 기여도가 낮은 변수부터 하나씩 제거해가는 **backward elimination**, forward selection과 backward elimination을 조합한 **stepwise selection** 등이 가장 보편적이다.

변수들 간에 상관관계가 어느 정도 있는 경우 forward selection은 중요한 변수라고 할지라도 이 변수가 이미 모형에 포함되어 있는 변수들과 상관관계가 높다면 아예 최종 모형에 채택되지 않을 수 있기 때문에 변수가 너무 많지 않은 경우 backward elimination을 권장한다.

11.2 예 1

9.3절에서 사용한 `attitude`를 사용하겠다.

11.3 분석과 해석: 예 1

`attitude`를 `pairs()`를 이용하여 모든 변수의 쌍을 그려보자(그림 11.1).

```
> pairs(attitude)
```

Backward Elimination

`rating`을 종속변수로 다른 모든 변수들을 독립변수로 다중회귀분석을 돌려보자. "."을 ~다음에 넣으면 종속변수로 정의된 `rating`을 제외한 나머지 모든 변수를 독립변수로 모형에 넣는다. `anova()`는 분산분석표를 출력한다.

```
> out = lm(rating ~ ., data=attitude)
> anova(out)
Analysis of Variance Table
```

그림 11.1: Attitude

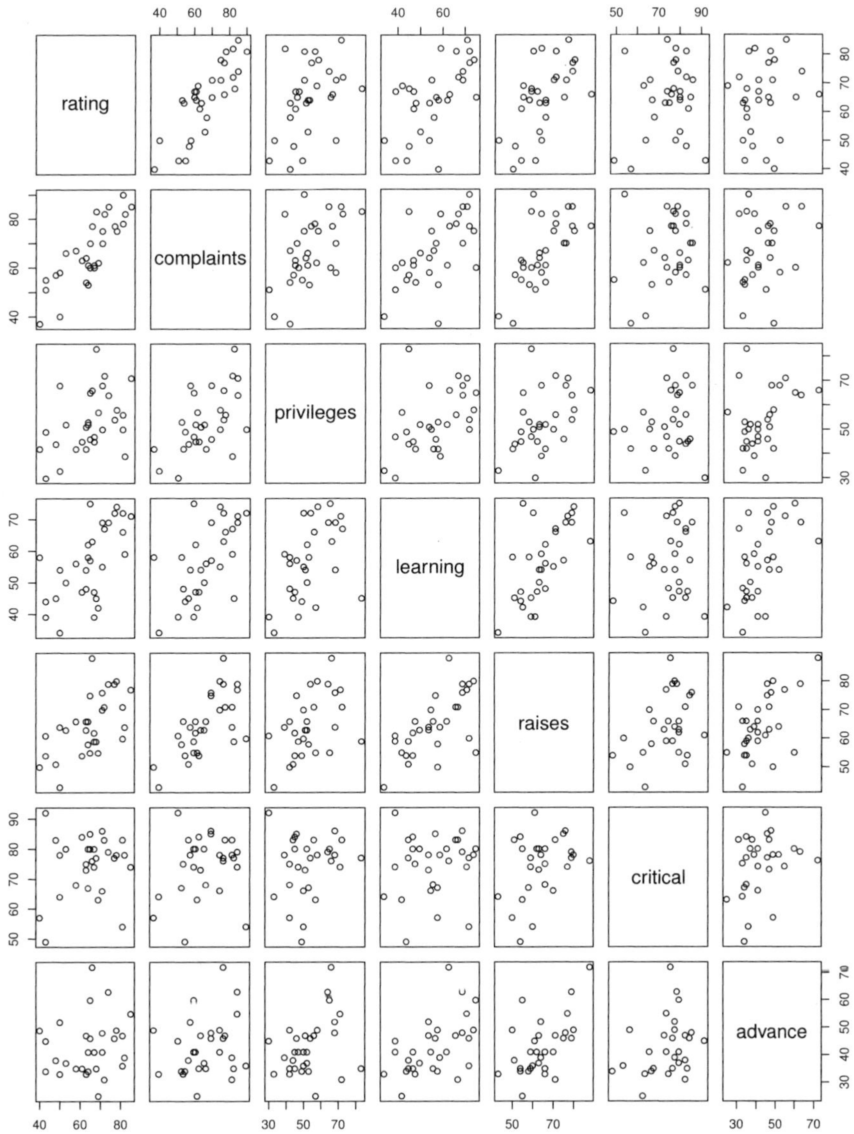


```
Response: rating
           Df  Sum Sq Mean Sq F value    Pr(>F)
complaints  1 2927.58 2927.58 58.6026 9.056e-08 ***
privileges  1    7.52    7.52  0.1505    0.7016
learning    1  137.25  137.25  2.7473    0.1110
```

```
raises      1    0.94    0.94 0.0189    0.8920
critical    1    0.56    0.56 0.0113    0.9163
advance     1   74.11   74.11 1.4835    0.2356
Residuals  23 1149.00   49.96
```

p-value가 큰 privileges, raises, critical 세 변수들을 제거하고 다시 돌려보자.

```
> out2 = lm(rating ~ complaints+learning+advance, data=attitude)
```

F-test

결과물 out과 out2를 anova()에 넣으면 두 모형을 비교하는 F-test를 하는데, 두 모형의 설명력을 비교하여 첫 번째 모형에서 제거된 세 변수들의 기여도를 평가한다고 생각하면 된다.

anova(작은 모형, 큰 모형)

```
> anova(out2,out)
Analysis of Variance Table

Model 1: rating ~ complaints + learning + advance
Model 2: rating ~ complaints + privileges + learning + raises + critical +
    advance
  Res.Df     RSS Df Sum of Sq      F Pr(>F)
1     26 1179.11
2     23 1149.00  3     30.11 0.2009 0.8947
```

p-value=**0.8947**로 제거된 세 변수의 기여도가 거의 없음을 알 수 있다. 변수를 더 제거하고 싶다면 Model 1의 세 변수 중 가장 p-value가 큰 advance를 제거한다. anova()에 세 모형을 모두 넣어주면 모형선택 과정을 알 수 있다. 아래와 같이 가장 작은 모형부터 순서대로 anova()에 넣어주어야 해석하기 편하다.

```
> out3 = lm(rating ~ complaints+learning, data=attitude)
> anova(out3,out2,out)
Analysis of Variance Table
```

```
Model 1: rating ~ complaints + learning
Model 2: rating ~ complaints + learning + advance
Model 3: rating ~ complaints + privileges + learning + raises + critical +
    advance
  Res.Df     RSS Df Sum of Sq      F Pr(>F)
1     27 1254.65
2     26 1179.11  1     75.54 1.5121 0.2312
3     23 1149.00  3     30.11 0.2009 0.8947
```

Model 2(out2)에서 advance를 제거한 모형이 Model 1(out3)이다. F-test 결과 p-value가 **0.2312**이므로 advance의 기여도가 크지 않아 의미상 중요한 변수가 아니라면 advance를 제거할 수 있다.

summary()로 최종 모형을 살펴보면 R^2=0.708로 모형이 종속변수 rating을 70.8% 설명한다.

```
> summary(out3)

Call:
lm(formula = rating ~ complaints + learning, data = attitude)

Residuals:
     Min       1Q   Median       3Q      Max
-11.5568  -5.7331   0.6701   6.5341  10.3610

Coefficients:
            Estimate Std. Error t value Pr(>|t|)
(Intercept)   9.8709     7.0612   1.398    0.174
complaints    0.6435     0.1185   5.432 9.57e-06 ***
learning      0.2112     0.1344   1.571    0.128
---
Signif. codes:  0 '***' 0.001 '**' 0.01 '*' 0.05 '.' 0.1 ' ' 1

Residual standard error: 6.817 on 27 degrees of freedom
Multiple R-squared: 0.708,     Adjusted R-squared: 0.6864
F-statistic: 32.74 on 2 and 27 DF,  p-value: 6.058e-08
```

Adjusted-R^2

adjusted-R^2(R_a^2)로 세 모형을 비교해보자.

	독립변수의 수	R^2	R_a^2
Model 3 (out)	6	0.7326	0.6628
Model 2 (out2)	3	0.7256	0.6939
Model 1 (out3)	2	0.7080	0.6864

R^2는 독립변수의 수가 많을수록 커져 이를 모형선택 기준으로 이용하면 독립변수의 수가 가장 많은 Model 3이 선택된다. 그러나 독립변수의 수가 어느 정도 벌칙으로 작용하는 R_a^2를 이용하면 Model 2가 선택된다. F-test를 이용한 backward elimination으로는 Model 1(out3)이 선택되었음을 기억하기 바란다.

11.4 예 2

MASS library에 `birthwt`는 신생아 몸무게에 어떤 요인이 영향을 미치는지 조사한 자료이다. `birthwt`를 이용하려면 다음과 같이 `MASS` library를 불러야 한다.

```
> library(MASS)
```

11.5 분석과 해석: 예 2

`birthwt`에서 주의할 것은 변수 `race`가 1, 2, 3 (1 = white, 2 = black, 3 = other)으로 입력되어 있다는 점이다. 이대로 `race`를 모형에 포함시키면 연속형으로 인식하므로 `factor(race)`를 사용하여 이산형으로 처리해줘야 한다.

`bwt`를 종속변수로, `age`, `lwt`, `race`, `smoke`, `ptl`, `ht`, `ui`를 독립변수로 회귀분석을 돌려보자. 분산분석표에서 `ptl`과 `age`가 유의하지 않다.

```
> out=lm(bwt ~ age+lwt+factor(race)+smoke+ptl+ht+ui, data=birthwt)
> anova(out)
Analysis of Variance Table

```

```
Response: bwt
               Df   Sum Sq Mean Sq F value    Pr(>F)
age             1   815483  815483  1.9380 0.1656022
lwt             1  2967339 2967339  7.0519 0.0086284 **
factor(race)    2  4750632 2375316  5.6450 0.0041901 **
smoke           1  6291918 6291918 14.9529 0.0001538 ***
ptl             1   732501  732501  1.7408 0.1887130
ht              1  2852764 2852764  6.7796 0.0099900 **
ui              1  5817995 5817995 13.8266 0.0002676 ***
Residuals     180 75741025  420783
```

두 변수 ptl, age의 기여도를 평가하기 위한 F-test 결과 p-value=0.792로 매우 크므로 두 변수를 제거한다.

```
> out2=lm(bwt ~ lwt+factor(race)+smoke+ht+ui, data=birthwt)
> anova(out2,out)
Analysis of Variance Table

Model 1: bwt ~ lwt + factor(race) + smoke + ht + ui
Model 2: bwt ~ age + lwt + factor(race) + smoke + ptl + ht + ui
  Res.Df      RSS Df Sum of Sq      F Pr(>F)
1    182 75937505
2    180 75741025  2    196480 0.2335  0.792
```

ptl와 age 두 변수를 제거한 후 모형의 분산분석표를 보면 모든 변수가 유의하다.

```
> anova(out2)
Analysis of Variance Table

Response: bwt
               Df   Sum Sq Mean Sq F value    Pr(>F)
lwt             1  3448639 3448639  8.2654 0.0045226 **
factor(race)    2  5076610 2538305  6.0836 0.0027701 **
smoke           1  6281818 6281818 15.0557 0.0001458 ***
ht              1  2871867 2871867  6.8830 0.0094402 **
```

```
ui              1  6353218 6353218 15.2268 0.0001341 ***
Residuals     182 75937505  417239
```

summary()로 최종 모형을 살펴보면 R^2=0.2404로 모형이 종속변수를 24.04% 설명한다. 설명력이 너무 작다고 볼 수도 있지만 통제 불가능한 변인들이 많은 연구에서 이 정도의 R^2는 결코 작다고 할 수 없다.

```
> summary(out2)

Call:
lm(formula = bwt ~ lwt + factor(race) + smoke + ht + ui, data = birthwt)

Residuals:
     Min       1Q   Median       3Q      Max
-1842.14  -433.19    67.09   459.21  1631.03

Coefficients:
              Estimate Std. Error t value Pr(>|t|)
(Intercept)   2837.264    243.676  11.644  < 2e-16 ***
lwt              4.242      1.675   2.532 0.012198 *
factor(race)2 -475.058    145.603  -3.263 0.001318 **
factor(race)3 -348.150    112.361  -3.099 0.002254 **
smoke         -356.321    103.444  -3.445 0.000710 ***
ht            -585.193    199.644  -2.931 0.003810 **
ui            -525.524    134.675  -3.902 0.000134 ***
---
Signif. codes:  0 '***' 0.001 '**' 0.01 '*' 0.05 '.' 0.1 ' ' 1

Residual standard error: 645.9 on 182 degrees of freedom
Multiple R-squared: 0.2404,     Adjusted R-squared: 0.2154
F-statistic:   9.6 on 6 and 182 DF,  p-value: 3.601e-09
```

11.6 분석과 해석: 다항회귀모형(Polynomial Regression)

그림 10.1은 `dist`와 `speed`가 2차식관계임을 보여준다.

$$\text{dist}_i = \beta_0 + \beta_1 \cdot \text{speed}_i + \beta_2 \cdot \text{speed}_i^2$$

다음과 같이 모형에 2차항 speed^2를 추가하면 독립변수의 수가 하나 늘어 더 이상 단순회귀분석이 아니고 다중회귀분석의 특수한 경우가 된다. 2차항은 `I(x^2)`으로 표현한다.

```
lm(y ~ x + I(x^2))
```

```
> summary(lm(dist ~ speed + I(speed^2), data=cars))

Call:
lm(formula = dist ~ speed + I(speed^2), data = cars)

Residuals:
    Min      1Q  Median      3Q     Max
-28.720  -9.184  -3.188   4.628  45.152

Coefficients:
            Estimate Std. Error t value Pr(>|t|)
(Intercept)  2.47014   14.81716   0.167    0.868
speed        0.91329    2.03422   0.449    0.656
I(speed^2)   0.09996    0.06597   1.515    0.136

Residual standard error: 15.18 on 47 degrees of freedom
Multiple R-squared: 0.6673,     Adjusted R-squared: 0.6532
F-statistic: 47.14 on 2 and 47 DF,  p-value: 5.852e-12
```

다항회귀분석에서 주의할 점은, 특별한 이유가 없다면 **일차항이 유의하지 않다고 일차항을 제거하고 이차항만을 모형에 넣어서는 안 된다**는 것이다.

다항회귀모형의 가장 큰 문제점은, x와 x^2의 상관계수가 당연히 높다는 점이다. 이 경우 0.98이나 된다.

```
> with(cars, cor(speed,speed^2))
[1] 0.9794765
```

다항회귀분석을 포함하는 다중회귀분석에서 독립변수들 간의 상관관계가 높다는 것은 의미상 중복된 정보를 모형에 넣었다는 의미도 있지만 계산상으로도 문제를 일으킬 수 있다.

일반 이차식 $y = a + b\,(x-c)^2$은 $x = c$일 때 y가 최소값 a를 갖는다. 그런데 이 데이터의 경우 상식적으로 speed가 0일 때 dist가 최소값인 0이므로 $a = c = 0$이어서 $y = b\,x^2$으로 이차항만 남는다.

$$\mathrm{dist}_i = \beta_2 \cdot \mathrm{speed}_i^2$$

```
> summary(lm(dist ~ I(speed^2) - 1 , data=cars))

Call:
lm(formula = dist ~ I(speed^2) - 1, data = cars)

Residuals:
    Min      1Q  Median      3Q     Max
-29.350  -7.988   1.325   8.080  49.939

Coefficients:
           Estimate Std. Error t value Pr(>|t|)
I(speed^2) 0.153374   0.007122   21.54   <2e-16 ***

Residual standard error: 15.61 on 49 degrees of freedom
Multiple R-squared: 0.9044,     Adjusted R-squared: 0.9025
F-statistic: 463.8 on 1 and 49 DF,  p-value: < 2.2e-16
```

추정된 모형은 다음과 같다.

$$\mathrm{dist}_i = 0.153374 \cdot \mathrm{speed}_i^2 \tag{11.1}$$

10장에서 추정된 모형과 비교해보자.

$$\sqrt{\mathrm{dist}_i} = 0.3967\,\mathrm{speed}_i \tag{11.2}$$

0.3967^2=0.1573709로 0.153374과 거의 비슷하다. 두 모형의 근본적인 차이는, 식 (11.1)은 dist_i가 정규분포를 따른다고 가정하고, 식 (11.2)는 $\sqrt{\mathrm{dist}_i}$가 정규분포를 따른다고 가정한다는 점이다. (11.2)의 R^2가 (11.1)보다 크므로 더 좋은 모형이라 할 수 있다.

	(11.1)	(11.2)
R^2	0.9044	0.9689
회귀계수	0.153374	$0.3967^2 = 0.1573709$
정규분포 가정	$\mathrm{dist}_i \sim$ 정규분포	$\sqrt{\mathrm{dist}_i} \sim$ 정규분포

참고

지금까지 사용한 polynomial 모형을 R로 다음과 같이 표현한다.

Model	R code
$y = \beta_0 + \beta_1 x + \beta_2 x^2$	`y ~ x + I(x^2)`
$y = \beta_1 x + \beta_2 x^2$	`y ~ x + I(x^2) - 1`
$y = \beta_0 + \beta_2 x^2$	`y ~ I(x^2)`
$y = \beta_2 x^2$	`y ~ I(x^2) - 1`

11.7 연습

1. 두 데이터 `attitude`와 `birthwt`를 적합한 최종 모형으로 회귀진단을 해보라.
2. `birthwt` 데이터로 R_a^2를 이용하여 model selection을 하고, F-test를 이용한 backward elimination의 결과와 일치하는지 보라.
3. 식 (11.1)의 회귀진단 결과를 식 (11.2)의 잔차분석 결과와 비교하여 회귀진단의 관점에서 어느 모형이 좋은지 서술하여라.

제 12 장

일원분산분석(One-way ANOVA)

12.1 소개

일원분산분석은 Two-sample t-test의 확장으로 세 그룹 이상의 평균이 모두 같은지 검정한다. 모든 그룹의 평균이 같다는 귀무가설이 기각되면 거기서 분석을 마치는 경우도 있지만 어느 그룹간 차이가 있는지 **다중비교**(multiple comparisons)를 하기도 한다.

일원분산분석은 설명변수가 연속형 대신 **이산형**인 회귀분석이라고 생각하면 된다. 회귀분석과 같은 `lm()`을 사용하고 회귀진단 등 동일한 방법이 사용된다.

12.2 예

데이터 `PlantGrowth.csv`는 1개의 대조군(`control`) `ctrl`과 2개의 실험군(`treatment`) `trt1`, `trt2`, 모두 세 가지 조건에서 수확된 식물의 무게를 잰 것이다. 데이터 입력 방식을 자세히 알고 싶으면 1.4절과 7.2절을 참조하라.

```
> PlantGrowth = read.csv("PlantGrowth.csv")
> PlantGrowth
   weight  group
1     4.17  ctrl
2     5.58  ctrl
3     5.18  ctrl
4     6.11  ctrl
.
.
10    5.14  ctrl
```

```
11   4.81  trt1
12   4.17  trt1
13   4.41  trt1
14   3.59  trt1
.
.
20   4.69  trt1
21   6.31  trt2
22   5.12  trt2
23   5.54  trt2
24   5.50  trt2
.
.
30   5.26  trt2
```

세 그룹의 평균은 아래와 같다.

group	ctrl	trt1	trt2
mean	5.032	4.661	5.526

12.3 이해

일원분산분석의 귀무가설은 "모든 그룹의 평균이 같다"이다. 즉 예에서 "세 그룹 ctrl, trt1, trt2의 weight 평균은 모두 같다"이고, 대립가설은 "최소한 한 그룹 평균이 다른 한 그룹 평균과 다르다"이다. 즉 "(ctrl, trt1), (ctrl, trt2), (trt1, trt2) 세 쌍 중에 차이가 있는 쌍이 최소한 하나는 있다"이다. 다중비교는 이 세쌍 중 어느 쌍이 차이가 있는지 조사하는 분석 방법이다.

대조군은 기존에 있는 방법을 그대로 사용하거나 혹은 아무런 처리도 안한 그룹이고, 실험군은 대조군과 비교하고 싶은 새로운 방법이 도입된 그룹이다. 보통 대조군이 있는 경우에는 (ctrl vs trt1), (ctrl vs trt2)와 같이 대조군과 두 실험군을 비교하는 게 목적이다.

대조군과 두 실험군이 있는 실험설계의 예로는 위약(placebo: 가짜약) 그룹, A라는 약을 매일 50ml 먹은 그룹, 그리고 매일 100ml 먹은 그룹, 모두 세 그룹을 비교하는 것이 있다.

이 경우도 50ml 그룹과 위약 그룹, 100ml 그룹과 위약 그룹을 비교하여 약이 효과가 있는지 알아보는 것과 동시에 적은 용량인 50ml가 충분한 효과를 주는지, 100ml는 먹어야 효과가 있는지, 부작용이 종속변수라면 50ml에는 부작용이 없지만 100ml에는 부작용이 있는지 등을 조사할 수 있다. 이런 세부 조사는 다중비교로 한다.

그룹 간 변동량(Between-Group Variability)

일원분산분석은 비교해야 할 그룹이 셋 이상이다. 셋인 경우 (1,2), (1,3), (2,3) 세 쌍의 평균의 차이를 비교하여 모두 같은지 한 쌍이라도 차이가 있는지 찾아내야 한다. 세 쌍의 평균이 모두 같다면 세 쌍의 표본평균 차이들의 제곱합도 작을 것이다.

$$(\overline{y}_{1\cdot} - \overline{y}_{2\cdot})^2 + (\overline{y}_{1\cdot} - \overline{y}_{3\cdot})^2 + (\overline{y}_{2\cdot} - \overline{y}_{3\cdot})^2 \tag{12.1}$$

각 그룹 평균과 전체평균과의 차이의 제곱합도 같은 의미를 갖는다.

$$(\overline{y}_{1\cdot} - \overline{y}_{\cdot\cdot})^2 + (\overline{y}_{2\cdot} - \overline{y}_{\cdot\cdot})^2 + (\overline{y}_{3\cdot} - \overline{y}_{\cdot\cdot})^2 \tag{12.2}$$

식 (12.1)과 식 (12.2)는 외관상 달라 보이지만 같은 의미를 내포하고 있고, 수학적으로도 식 (12.1)은 식 (12.2)의 세 배이다. 그룹 간 변동량은 식 (12.1)이나 식 (12.2)에 적당한 상수를 곱하여 사용하는데 정확한 수식은 제시하지 않겠다.

그룹 내 변동량(Within-Group Variability)

그룹 내 변동량은 y_{ij}를 각 그룹의 평균인 $y_{i\cdot}$으로 뺀 잔차들의 제곱합이다. 이 값은 일원분산분석 모형이 설명하지 못하는 부분으로 오차의 분산 σ^2을 추정하는 데 사용된다.

F-test

일원분산분석에서 F-test는 그룹 간 변동량과 그룹 내 변동량의 비로, 세 그룹 평균의 차이들의 제곱합인 그룹 간 변동량과 그룹 내 변동량을 비교함으로써 세 평균의 차이가 정상적인 표본추출 과정에서 발생할 수 있는 오차에 비해 얼마나 큰지 평가한 것이다. 이 F값이 작으면 관찰된 평균 간의 차이가 우연히 발생할 수 있다고 생각하고, 크면 그룹 간에 유의한 차이가 있다고 본다.

$$F = \frac{\text{그룹 간 변동량}}{\text{그룹 내 변동량}}$$

12.4 분석과 해석

Reference Coding

일원분산분석에서 이산형인 설명변수의 해석은 보통 한 그룹을 비교 대상으로 놓고 그 그룹과 다른 그룹들을 비교한다. 비교 대상으로 설정된 그룹을 **reference**라고 한다. R에서 `ctrl`, `trt1`, `trt2` 중 가장 알파벳 순서가 낮은 `ctrl`가 자동으로 reference로 지정되고 나머지 두 그룹과 비교 대상이 된다. 이 경우는 `ctrl`(control: 비교군)이 reference로 제대로 지정되어 있지만, reference를 바꾸고 싶으면 `relevel()`을 이용한다. `relevel()`의 사용 예는 15장에 있다. 그러나 reference를 바꾸더라도 그룹 간의 평균차이를 비교하는 p-value는 변하지 않으므로 그룹 간의 평균차이가 있는지만 검정하고 싶으면 reference에 신경 쓸 필요는 없다. 그러나 평균차이가 있다는 결론이 나왔을 때 어디에서 차이가 있는지 다중비교로 좀 더 분석하고 싶으면 reference를 제대로 지정해놓아야 한다.

애초에 데이터 입력 시 그룹변수의 code를 정할 때 reference로 쓰일 그룹에 가장 알파벳 순서가 낮은 이름을 부여하거나 "`ctrl`", "`trt1`", "`trt2`" 대신 "1:crtl", "2:trt", "3:trt"와 같이 앞에 1, 2, 3을 주어 가장 작은 수에 reference를 지정해주면 `relevel()`로 reference를 바꾸는 번거로움을 피할 수 있다.

기술통계

`tapply()`를 이용하여 각 그룹의 weight의 평균을 알 수 있다.

```
> with(PlantGrowth, tapply(weight, group, mean))
 ctrl  trt1  trt2
5.032 4.661 5.526
```

각 그룹의 weight의 표준편차를 다음과 같이 구한다.

```
> with(PlantGrowth, tapply(weight,group,sd))
     ctrl      trt1      trt2
0.5830914 0.7936757 0.4425733
```

그림 12.1과 같이 Boxplot을 이용하여 각 그룹의 차이를 볼 수 있다. 회귀모형과 같이 y ~ group의 형식을 사용한다. 각 그룹의 `weight` 분포들이 정규분포 가정을 의심할만한 행태를 보이지 않는다.

그림 12.1: Boxplot

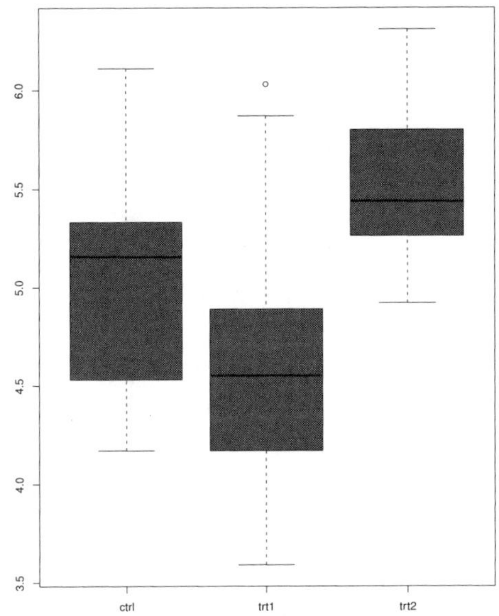

그림 12.2: Dunnett

```
> boxplot(weight ~ group, col="red", data=PlantGrowth)
```

모형적합

회귀분석과 마찬가지로 `lm()`을 이용하여 y ~ group의 형식을 사용한다. `lm()` 대신 `aov()`를 사용해도 되나 통일성을 위해서 `lm()`을 사용하겠다.

`lm(y ~ 그룹변수)`

아래 결과물을 위에 `tapply()`에서 구한 각 그룹의 평균과 비교해보자. `(Intercept)`의 추정치가 `ctrl`의 평균과 같은 5.032이므로 `ctrl`이 reference로 사용되었음을 알 수 있다. `grouptrt1`은 `trt1`의 평균(4.661)과 reference인 `ctrl`의 평균(5.032)의 차이인 -0.371, `grouptrt2`는 `trt2`의 평균(5.526)과 `ctrl`의 평균(5.032)의 차이인 0.494이다.

```
> out = lm(weight ~ group, data=PlantGrowth)
> out
```

```
Call:
lm(formula = weight ~ group, data = PlantGrowth)

Coefficients:
(Intercept)    grouptrt1    grouptrt2
      5.032       -0.371        0.494
```

분산분석표

anova()는 분산분석표를 구해준다.

```
> anova(out)
Analysis of Variance Table

Response: weight
          Df  Sum Sq Mean Sq F value  Pr(>F)
group      2  3.7663  1.8832  4.8461 0.01591 *
Residuals 27 10.4921  0.3886
```

분산분석표에서 group의 F(df1=2, df2=27)=**4.8461** (p-value=**0.01591**)로 세 그룹 ctrl, trt1, trt2의 평균들이 모두 같다는 귀무가설을 기각한다.

귀무가설	$H_0 : \mu_{\text{trt1}} = \mu_{\text{trt2}} = \mu_{\text{ctrl}}$
대립가설	$H_a :$ not H_0
검정통계량	$F(\text{df}_1 = 2, \text{df}_2 = 27) = 4.8461$
유의확률	p-value $= 0.01591 < 0.05$
결정	세 그룹 ctrl, trt1, trt2의 평균들이 모두 같다는 귀무가설을 기각한다.

모든 그룹의 평균이 같다는 귀무가설이 기각되었으므로 (trt1, ctrl), (trt2, ctrt), (trt1, trt2) 중 어느 쌍에 차이가 있는지 다중비교로 좀 더 조사할 수 있다.

그림 12.3: Diagnosis

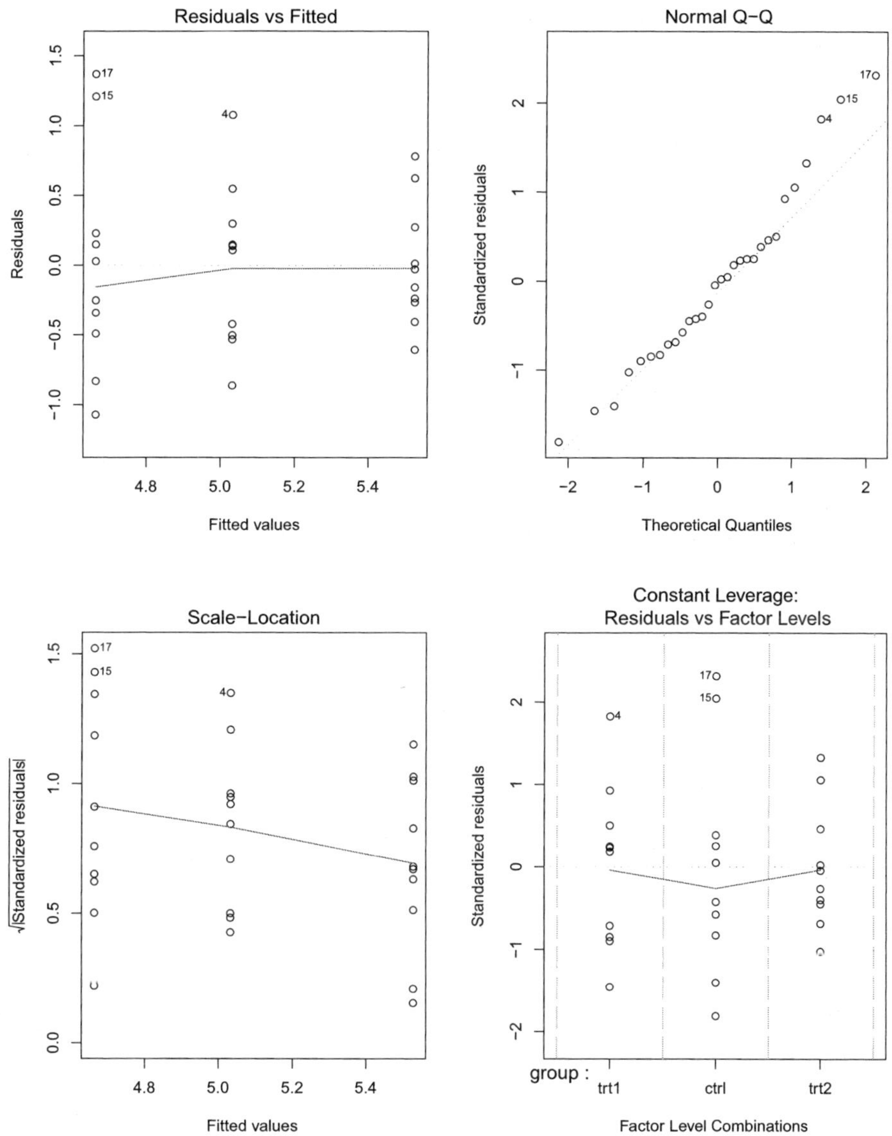

회귀진단

회귀분석에서와 마찬가지로 아래 명령어로 기본 가설을 진단할 수 있다.

```
> par(mfrow=c(2,2))
> plot(out)
```

그림 12.3에서 표준화된 잔차의 Normal Q-Q plot이 직선에 가깝고 다른 그림들도 별다른 추세를 보이지 않으므로 문제가 없다는 결론을 내린다.

shapiro.test()를 이용한 잔차의 정규성검정 결과는 p-value=0.4379로 정규분포 가정을 만족시킨다.

```
> shapiro.test(resid(out))

        Shapiro-Wilk normality test

data:  resid(out)
W = 0.9661, p-value = 0.4379
```

12.5 다중비교(Multiple Comparisons)

모든 평균이 같다는 귀무가설이 기각되었다는 말은 trt1-ctrl, trt2-ctr1, trt1-trt2의 세 가지 비교 중 최소한 하나는 0이 아니라는 말이다. 그중 어떤 쌍의 차이로 귀무가설이 기각되었는지 조사하려면 다중비교를 한다. 분산분석에서 가장 많이 쓰이는 다중비교 방법은 Dunnett와 Tukey이다. Tukey는 가능한 모든 조합의 쌍을 조사하고, Dunnett는 하나의 대조군(reference)을 나머지 비교군(treatment)들과 비교할 때 사용한다.

분산분석은 모든 그룹의 평균이 같은지를 유의수준 0.05로 한 번에 검정한다. 그러나 여러 쌍의 평균이 같은지 다시 검정하면 비교하는 쌍이 하나 이상으로 검정수가 늘어나 실제로 유의하지 않은데 우연히 유의하게 나올 가능성이 높아지므로 유의수준을 0.05보다 낮추거나, 같은 유의수준 0.05로 비교하려면 p-value를 높게 조정해야 한다. 비교하고 싶은 쌍이 많을수록 조정된 p-value는 더 커진다. Dunnett와 Tukey의 방법을 비교해보면 모든 쌍을 비교하는 Tukey의 p-value가 Dunnett의 p-value보다 높게 조정되어 있다는 것을 알 수 있다. 그러므로 꼭 관심이 있는 쌍만 미리 정해놓고 비교하여야 유의한 결과를 얻을 가능성이 높다.

Dunnett

원래의 의도가 대조군인 ctrl과 2개의 비교군(trt1, trt2)을 비교하려는 것이었다면 Dunnett의 방법을 이용한다. multcomp를 설치하고 불러와야 다중비교에 필요한 함수 glht()를 이용할 수 있다.

```
> install.packages("multcomp")
> library(multcomp)
```

분산분석의 결과물을 out으로 저장한 후 아래 형식으로 glht()를 이용하여 다중비교를 한다.

`glht(분산분석 결과, linfct=mcp(그룹변수="Dunnett"))`

glht()의 결과를 dunnett로 저장한 후 summary()로 자세한 결과물을 출력한다.

```
> out = lm(weight ~ group, data=PlantGrowth)
> dunnett = glht(out,linfct=mcp(group="Dunnett"))
> summary(dunnett)

         Simultaneous Tests for General Linear Hypotheses

Multiple Comparisons of Means: Dunnett Contrasts


Fit: lm(formula = weight ~ group, data = PlantGrowth)

Linear Hypotheses:
                 Estimate Std. Error t value Pr(>|t|)
trt1 - ctrl == 0  -0.3710     0.2788  -1.331    0.323
trt2 - ctrl == 0   0.4940     0.2788   1.772    0.153
---
(Adjusted p values reported -- single-step method)
```

(trt1 vs ctrl)의 p-value=0.323, (trt2 vs crtl)의 p-value=0.153으로 둘 다 유의하지 않음을 알 수 있다. 그림 12.2를 이용하여 그래프로 확인해보자.

```
> plot(dunnett)
```

그림 12.2을 보면 95% 신뢰구간이 0을 포함하므로 유의수준 0.05에서 유의하지 않음을 알 수 있다.

Tukey

세 가지 모든 조합을 비교하고 싶다면 아래와 같이 Tukey의 방법을 이용한다.

```
glht(분산분석 결과, linfct=mcp(그룹변수="Tukey")
```

```
> tukey = glht(out,linfct=mcp(group="Tukey"))
> summary(tukey)

         Simultaneous Tests for General Linear Hypotheses

Multiple Comparisons of Means: Tukey Contrasts


Fit: lm(formula = weight ~ group, data = PlantGrowth)

Linear Hypotheses:
                 Estimate Std. Error t value Pr(>|t|)
trt1 - ctrl == 0  -0.3710     0.2788  -1.331   0.3909
trt2 - ctrl == 0   0.4940     0.2788   1.772   0.1981
trt2 - trt1 == 0   0.8650     0.2788   3.103   0.0119 *
---
(Adjusted p values reported -- single-step method)
```

(`trt1` vs `trt2`)의 p-value가 0.0119로 유의한 차이가 있다. 아래와 같이 그래프로 확인할 수 있다.

```
> plot(tukey)
```

아래 표는 하나의 control과 여러 개의 treatment을 비교하여 두 treatment 간의 비교가 관심의 대상이 아닐 때 왜 Dunnett을 써야하는지 보여준다. 이런 경우 Tukey를 쓰면 비교하고자 하는 (`trt1` vs `ctrl`)과 (`trt2` vs `ctrl`)의 p-value가 커져서 유의한 차이가 있다는 결론을 내리기가 더 힘들어진다.

	Dunnett	Tukey
trt1 vs ctrl	0.323	0.3909
trt2 vs ctrl	0.153	0.1981
trt1 vs trt2		0.0119

12.6 Simulation *

PlantGrowth를 이용하여 다음과 같이 weight를 시뮬레이션할 수 있다.

```
> out = lm(weight ~ group, data=PlantGrowth)
> weight = rnorm(n=nrow(PlantGrowth),mean=fitted(out),sd=summary(out)$sigma)
```

12.7 연습

anorexia 데이터에서 세 그룹 간에 Prewt 평균의 차이가 있는지 일원분산분석을 해보라.

제 13 장

Kruskal-Wallis Test

13.1 소개

일원분산분석(one-way ANOVA)에 해당되는 비모수 방법은 Kruskal-Wallis test이다.

13.2 이해

일원분산분석이 two-sample t-test의 확장이듯이, Kruskal-Wallis test는 Wilcoxon rank-sum test의 확장이라고 보면 된다. Kruskal-Wallis test에서는 데이터의 순위에서 구한 집단간 변동량(between-group variation)으로 검정통계량을 만든다.

13.3 분석과 해석

데이터 `PlantGrowth`로 Kruskal-Wallis test를 적용해보자.

```
kruskal.test(y ~ 그룹변수)
```

```
> kruskal.test(weight~group, data=PlantGrowth)


        Kruskal-Wallis rank sum test

data:  weight by group
Kruskal-Wallis chi-squared = 7.9882, df = 2, p-value = 0.01842
```

p-value=**0.01842**로 일원분산분석의 p-value=0.01591보다 약간 크지만 유의한 결과가 나왔다.

귀무가설	H_0: 세 그룹의 median이 모두 같다.
대립가설	H_a : not H_0
검정통계량	$\chi^2(\text{df} = 2) = 7.9882$
유의확률	p-value $= 0.01842 < 0.05$
결정	세 그룹의 median 간에 유의한 차이가 있다.

제 14 장

이원분산분석(Two-way ANOVA)

14.1 소개

이원분산분석은 그룹변수가 하나인 일원분산분석의 확장으로 두 개의 그룹변수를 가진다. 이 분석의 특징은 두 그룹변수들의 효과뿐만 아니라 두 그룹변수들이 서로 어떤 영향을 미치는지 **교호작용**(interaction)을 볼 수 있다는 것이다.

14.2 예

데이터 warpbreaks는 두 개의 그룹변수를 가지고 있는데 첫 번째 그룹변수는 털실의 종류 wool로 A, B 두 가지이고, 두 번째 그룹변수는 실의 장력 tension으로 L, M, H 세 종류가 있다. 주요인(wool과 tension)이 breaks에 어떤 영향을 주는지는 물론, wool과 tension의 교호작용이 있는지 조사함으로써 두 변수의 어떤 조합이 가장 적은 또는 많은 breaks를 발생시키는지 조사한다.

```
> warpbreaks = read.csv("warpbreaks.csv")
> warpbreaks
   breaks wool tension
1      26    A       L
2      30    A       L
3      54    A       L
4      25    A       L
5      70    A       L
.
.
```

```
53      16    B       H
54      28    B       H
```

14.3 분석과 해석

levels()

levels()로 이산형 변수인 wool과 tension의 level이 어떤 순서로 정해졌는지 살펴본다. wool은 별 문제가 없으나, tension은 L(low), M(medium), H(high)의 순서가 아니라 H, L, M 순서로 잘못 지정되어 있음을 알 수 있다.

```
> levels(warpbreaks$tension)
[1] "H" "L" "M"
> levels(warpbreaks$wool)
[1] "A" "B"
```

tension의 level을 다음과 같이 낮은 순부터 높은 순으로 바꿔준다.

```
> warpbreaks$tension = factor(warpbreaks$tension, levels=c("L","M","H"))
```

tension의 level이 L, M, H 순서로 바뀌었음을 확인한다.

```
> levels(warpbreaks$tension)
[1] "L" "M" "H"
```

기술통계

tapply()를 이용하여 breaks의 각 wool에서의 평균, 각 tension에서의 평균, 각 wool, tension 조합(2×3)에서의 평균을 구해보자.

그림 14.1: Boxplot

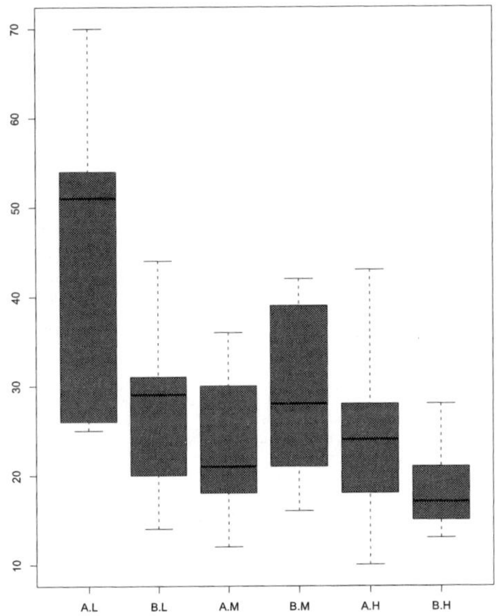

그림 14.2: Interaction plot

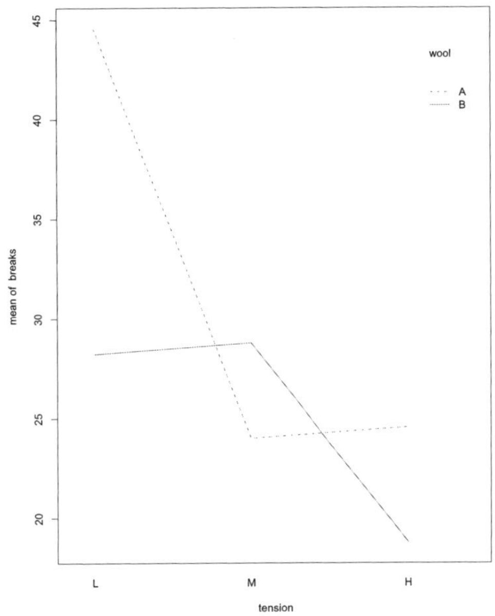


```
> attach(warpbreaks)
> tapply(breaks, wool, mean)
       A        B
31.03704 25.25926
> tapply(breaks, tension, mean)
       L        M        H
36.38889 26.38889 21.66667
> tapply(breaks, list(wool,tension), mean)
         L        M        H
A 44.55556 24.00000 24.55556
B 28.22222 28.77778 18.77778
```

boxplot(그림 14.1)으로 각 `wool`과 `tension` 조합의 `breaks`의 분포차이를 나타내었다.

```
> boxplot(breaks~wool+tension,col="red",data=warpbreaks)
```

교호작용(Interaction)

tension과 wool의 interaction이 있는지 보려면 그림 14.2의 interaction plot을 그려본다. interaction plot은 두 그룹변수의 조합으로 y의 평균을 그래프에 넣어 두 그룹변수가 서로 y의 평균에 영향을 주는지 보는 방법이다.

```
interaction.plot("x-축에 올 그룹변수", "두 번째 그룹변수", y))
```

그림 14.2와 같이 x-축에 `tension`이 오게 하려면 아래와 같이 `tension`을 다른 그룹변수인 `wool`보다 먼저 넣어준다. `col`을 지정해주어 두 가지 `wool`의 색을 구별해줄 수 있는데 `wool`은 두 종류이므로 "red" "blue" 두 가지만 지정해주었지만, 두 번째 그룹변수의 종류가 셋이라면 세 가지 색을 지정해주어야 한다.

```
> interaction.plot(tension, wool, breaks, col=c("red","blue"))
```

interaction이 없다면 두 개의 선이 비슷한 거리를 유지하면서 평행에 가까울 것이다. 그러나 그림 14.2를 보면 두 개의 선이 서로 만나므로 interaction이 존재한다는 것을 짐작할 수 있다.

분산분석표

interaction이 존재하므로 모형에 `wool`, `tension` 외에 interaction term인 `wool*tension`을 넣는다.

```
lm(breaks ~ wool + tension + wool*tension)
```

아래와 같이 interaction term만 넣어도 동일하다.

```
lm(breaks ~ wool*tension)
```

```
> out = lm(breaks ~ wool*tension, data=warpbreaks)
> anova(out)
Analysis of Variance Table

Response: breaks
             Df Sum Sq Mean Sq F value    Pr(>F)
wool          1  450.7  450.67  3.7653 0.0582130 .
```

```
tension        2 2034.3 1017.13  8.4980 0.0006926 ***
wool:tension   2 1002.8  501.39  4.1891 0.0210442 *
Residuals     48 5745.1  119.69
```

wool은 유의하지는 않지만 p-value가 0.05에 근접하고, tension은 유의하다. interaction인 wool:tension의 p-value는 **0.0210442**로 유의하여 interaction plot(그림 14.2)의 결과를 재확인해준다.

interaction이 있을 때는 wool과 tension의 효과를 각각 분리해서 해석할 수 없다. 그리고 주요인의 p-value가 매우 커서 1에 가깝다 하더라도 제거해서는 안 된다. 이 경우 그림 14.2를 보면 tension이 L이거나 H인 경우 wool A의 breaks의 평균이 wool B보다 높고, tension이 M인 경우 wool B의 breaks의 평균이 wool A보다 높음을 알 수 있다.

교호작용이 없는 경우

이 경우 interaction이 유의해서 반드시 interaction을 모형에 넣어줘야 하나 만약 유의하지 않았다면 아래와 같이 interaction을 제외하고 두 개의 그룹변수만 모형에 넣으면 된다.

```
> summary(lm(breaks ~ wool + tension, data=warpbreaks))

Call:
lm(formula = breaks ~ wool + tension, data = warpbreaks)

Residuals:
    Min      1Q  Median      3Q     Max
-19.500  -8.083  -2.139   6.472  30.722

Coefficients:
            Estimate Std. Error t value Pr(>|t|)
(Intercept)   39.278      3.162  12.423  < 2e-16 ***
woolB         -5.778      3.162  -1.827 0.073614 .
tensionM     -10.000      3.872  -2.582 0.012787 *
tensionH     -14.722      3.872  -3.802 0.000391 ***
---
Signif. codes:  0 '***' 0.001 '**' 0.01 '*' 0.05 '.' 0.1 ' ' 1
```

```

Residual standard error: 11.62 on 50 degrees of freedom
Multiple R-squared: 0.2691,     Adjusted R-squared: 0.2253
F-statistic: 6.138 on 3 and 50 DF,  p-value: 0.001230
```

`woolB` (`B`−`A`, p-value=0.073614)의 추정치가 -5.778로 유의하지는 않지만 `A`의 `breaks`의 평균이 `B`보다 높고, `tension`의 경우 `tensionM` (`M`−`L`, p-value=0.012787), `tensionH` (`H`−`L`, p-value=0.00039)로 `L`이 `H`, `M`보다 유의하게 낮다.

`tension`의 경우 두 차이, (`M`−`L`), (`H`−`L`)를 비교해야 하므로, 하나의 reference와 나머지 그룹의 차이를 비교하는 Dunnett의 방법으로 p-value를 조정해야 한다. 물론 세 차이 (`M`−`L`), (`H`−`L`), (`H`−`M`)를 비교하려면 Tukey의 방법을 사용한다.

회귀진단

그림 14.3에서 Normal Q-Q plot은 직선에 가까우나 Residuals vs. Fitted 그래프에서 Residuals가 Fitted values가 커짐에 따라 퍼짐의 폭이 조금 증가하고 Scale-Location 그래프에서도 Fitted values가 커짐에 따라 $\sqrt{|\text{Studentize Residuals}|}$가 조금 증가함을 알 수 있다. 이러한 추세는 등분산 가정의 성립이 의심되나 이 정도는 심각하지 않다고 생각된다.

14.4 연습

1. 종속변수인 `breaks`를 `log()`나 `sqrt()`로 변환시킨 후 이원분산분석을 시행해보고, 잔차의 분산과 Normal Q-Q plot이 어떻게 변하는지 확인하라.

2. `warpbreaks.csv`를 이용하여 interaction을 무시하고 `wool`과 `tension`만으로 모형을 적합시킨 후 `tension`을 Dunnett의 다중비교 방법으로 비교하여라.

그림 14.3: Diagnosis

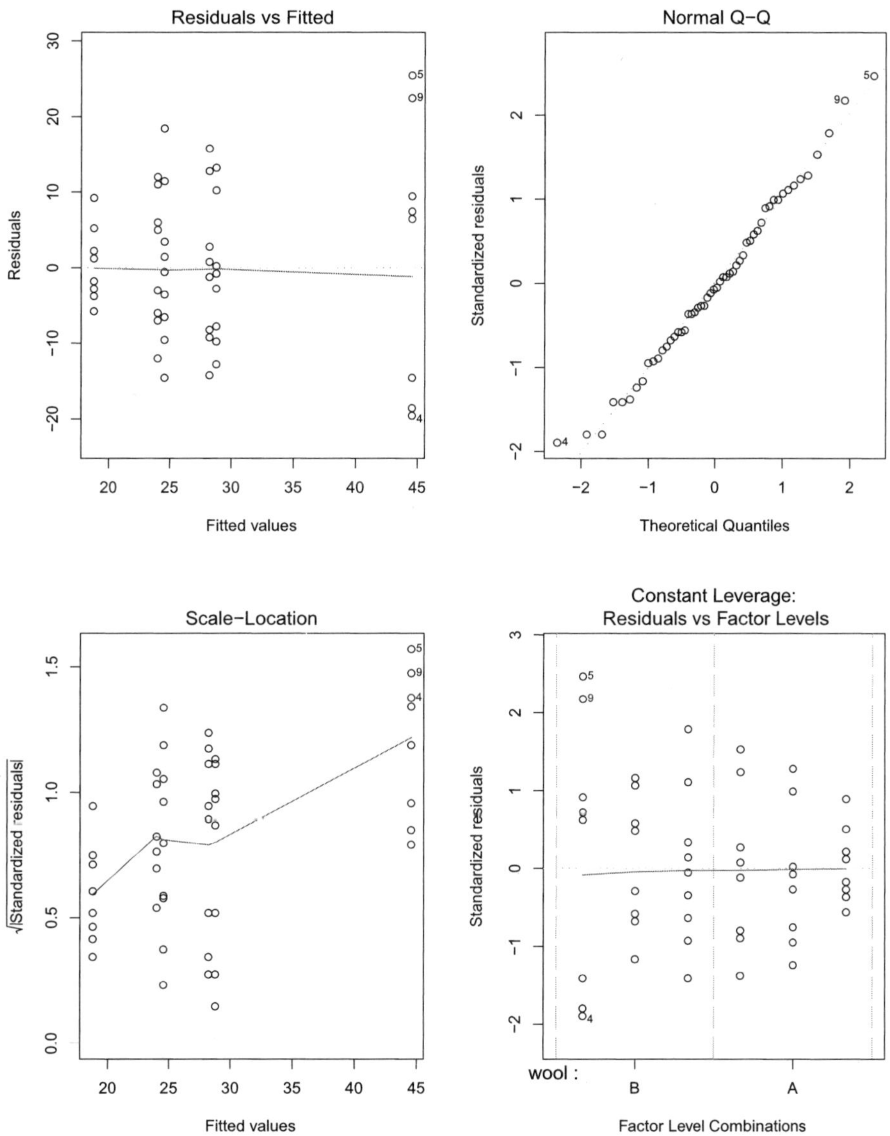

제 15 장

공분산분석: ANCOVA(Analysis of Covariance)

15.1 소개

실험이 잘 통제되어 종속변수의 변동을 설명하는 데 그룹변수 이외에 다른 변인이 없다면 Two-sample t-test나 일원분산분석을 하면 된다. 그러나 실험에서 철저한 통제가 쉽지 않고 사회과학같이 통제가 가능하지 않은 경우에는 여러가지 다른 변인들을 통제해주어 조사하고자 하는 변수만의 효과를 조사해야 한다.

공분산분석은 분산분석에 연속형 변수를 추가한 것이다. 궁극적인 목적은 각 그룹간 평균들의 차이가 있는지 검정하는 것으로 분산분석과 동일하나, 통제가 안 되는 연속형 변수(covariate)를 추가하여 오차를 줄이고 검정력을 높이는 것이 차이점이다.

15.2 예 1: Before-After

`anorexia.csv`는 거식증에 대한 임상실험으로 72명의 환자를 대상으로 `CBT`, `FT`, `Cont` 세 가지 치료 방법을 적용하여 치료 전후의 몸무게를 기록한 데이터이다.

```
> anorexia = read.csv("anorexia.csv")
> anorexia
   Treat Prewt Postwt  Diff
1   Cont  80.7   80.2  -0.5
2   Cont  89.4   80.1  -9.3
3   Cont  91.8   86.4  -5.4
```

```
4   Cont  74.0   86.3  12.3
.
.
26  Cont  89.0   78.8 -10.2
27   CBT  80.5   82.2   1.7
28   CBT  84.9   85.6   0.7
29   CBT  81.5   81.4  -0.1
30   CBT  82.6   81.9  -0.7
.
.
55   CBT  87.4   86.7  -0.7
56    FT  83.8   95.2  11.4
57    FT  83.3   94.3  11.0
58    FT  86.0   91.5   5.5
59    FT  82.5   91.9   9.4
.
.
72    FT  87.3   98.0  10.7
```

15.3 이해

일원분산분석

처음 생각할 수 있는 가장 상식적인 분석 방법은 치료 전후의 몸무게 변화인 Diff(= Postwt-Prewt)를 종속변수로 세 가지 치료 방법에 대하여 일원분산분석을 하여, 세 치료 방법 간에 몸무게 변화의 차이가 있는지 분석하는 것이다.

$$\text{Diff} = \text{Treat} + \text{Error} \tag{15.1}$$

공분산분석

몸무게(Prewt)가 큰 사람일수록 치료와 상관없이 전후의 차이(Diff)도 크다는 사실을 적용하여 일원분산분석에 Prewt를 추가하면 공분산분석이고, 여기서 연속형 변수 Prewt

를 **공변량**(**covariate**)이라고 부른다.

$$\text{Diff} = \text{Prewt} + \text{Treat} + \text{Error} \tag{15.2}$$

분산분석이나 공분산분석에서 치료 효과 간에 유의한 차이가 있는지 검정할 때 치료 효과로 설명되는 부분이 설명되지 않는 Error에 비해서 얼마나 크냐를 본다. 치료 효과에 의해 설명되는 종속변수의 변동량이, 설명되지 않는 종속변수의 변동량에 비해서 크다면 치료 효과는 유의하다고 한다. 공분산분석은 Prewt를 추가하여 설명력을 높여 설명되지 않는 Error를 줄임으로써 치료 효과에 의해 설명되는 부분과 설명 안 되는 부분의 비를 높여 치료 효과가 유의하게 나올 가능성을 높여준다.

식 (15.2)와 같이 `Prewt`를 추가하면 설명 안 되는 Error가 식 (15.1)의 Error보다 줄어든다. 그러므로 `Treat`의 설명 비율이 설명 안 되는 변동량에 비해 상대적으로 커져 조사하고자 하는 `Treat`가 유의하게 나올 가능성이 커진다.

기억할 것은 `Diff` 대신 `Postwt`를 종속변수로 사용해도 Treat의 p-value는 동일하다는 점이다. `Prewt`의 p-value는 달라지나 이 변수는 공분산분석에서 관심 대상이 아니다.

$$\text{Postwt} = \text{Prewt} + \text{Treat} + \text{Error} \tag{15.3}$$

15.4 분석과 해석: 예 1

Reference Coding

`levels()`로 `Treat`의 level을 보면 `CBT`가 맨 앞에 나온다. 알파벳 순서가 가장 빠른 `CBT`가 reference로 정해진 것이다.

```
> levels(anorexia$Treat)
[1] "CBT"  "Cont" "FT"
```

그러나 `Cont`가 대조군이고 `CBT`와 `FT`는 비교군이다. `relevel()`을 이용하여 `Cont`를 reference로 바꿔준다.

```
> anorexia$Treat = relevel(anorexia$Treat, ref="Cont")
> levels(anorexia$Treat)
[1] "Cont" "CBT"  "FT"
```

다음과 같이 Treat의 level을 c("Cont","CBT","FT") 순서로 대입할 수도 있다.

```
> anorexia$Treat=factor(anorexia$Treat,levels=c("Cont","CBT","FT"))
```

분산분석표

이제 lm을 이용해서 데이터를 분석하면 아래와 같다. 관심이 되는 그룹변수 Treat를 연속형 변수 Prewt 다음에 넣어야 한다.

lm(y ~ 공변량변수 + 그룹변수)

```
> out = lm(Postwt ~ Prewt + Treat, data=anorexia)
> anova(out)
Analysis of Variance Table

Response: Postwt
          Df Sum Sq Mean Sq F value    Pr(>F)
Prewt      1  506.5  506.51 10.4017 0.0019364 **
Treat      2  766.3  383.14  7.8681 0.0008438 ***
Residuals 68 3311.3   48.70
---
Signif. codes:  0 '***' 0.001 '**' 0.01 '*' 0.05 '.' 0.
```

p-value=**0.0008438**로 치료 효과의 차이가 있다는 결론을 내린다. summary()로 자세한 결과물을 보자.

```
> summary(out)

Call:
lm(formula = Postwt ~ Prewt + Treat, data = anorexia)

Residuals:
     Min       1Q   Median       3Q      Max
-14.1083  -4.2773  -0.5484   5.4838  15.2922
```

```
Coefficients:
            Estimate Std. Error t value Pr(>|t|)
(Intercept)  45.6740    13.2167   3.456 0.000950 ***
Prewt         0.4345     0.1612   2.695 0.008850 **
TreatCBT      4.0971     1.8935   2.164 0.033999 *
TreatFT       8.6601     2.1931   3.949 0.000189 ***
---

Residual standard error: 6.978 on 68 degrees of freedom
Multiple R-squared: 0.2777,     Adjusted R-squared: 0.2458
F-statistic: 8.713 on 3 and 68 DF,  p-value: 5.719e-05
```

CBT를 reference인 Cont와 비교한 TreatCBT의 p-value는 0.033999이고 FT를 Cont와 비교한 TreatFT의 p-value는 0.000189이다. 그러나 이 p-value들을 조정없이 사용하여 두 treatment 모두 Cont와 유의한 차이가 있다는 결론을 내리지는 않는다.

다중비교

1개의 대조군(Cont)을 2개의 비교군과 비교하므로 Dunnett의 방법으로 p-value를 조정한다.

```
> library(multcomp)
> dunnett = glht(out, linfct=mcp(Treat="Dunnett"))
> summary(dunnett)

         Simultaneous Tests for General Linear Hypotheses

Multiple Comparisons of Means: Dunnett Contrasts


Fit: lm(formula = Postwt ~ Prewt + Treat, data = anorexia)

Linear Hypotheses:
                Estimate Std. Error t value Pr(>|t|)
CBT - Cont == 0    4.097      1.893   2.164 0.062939 .
FT - Cont == 0     8.660      2.193   3.949 0.000373 ***
```

```
---
(Adjusted p values reported -- single-step method)
```

두 p-value 모두가 원래 p-value보다 커졌지만 조정된 후에도 FT는 여전히 Cont와 유의한 차이가 있다는 결론을 내리지만(p-value=**0.000373**), CBT는 Cont와 유의한 차이가 없다는 결론을 내린다(p-value=**0.062939**).

아래와 같이 그래프로 확인할 수도 있다.

```
> plot(dunnett)
```

15.5 예 2

`tri.csv`는 당뇨병에 대한 임상실험 데이터로 `trichg`(Triglyceride의 변화)로 평가된 치료의 효과가 두 치료 방법(`trt`: FIB, GEM) 간에 차이가 있는지 조사하였다. `hgba1c`(Hemoglobin A1c)는 공변량으로 사용된다.

```
> tri = read.csv("tri.csv")
> tri
   trt pat hgba1c trichg
1  FIB  30    5.0     25
2  FIB  19    5.3     20
3  FIB   4    6.0     10
4  FIB  23    6.2      5
.
.
16 FIB  28    9.2    -25
17 GEM  32    5.0      0
18 GEM   1    5.1     10
19 GEM  14    5.5    -10
20 GEM   9    5.5     10
.
,
34 GEM  25    9.3    -40
```

15.6 분석과 해석: 예 2

분산분석표를 살펴보자.

```
> out = lm(trichg ~ hgba1c + trt, data=tri)
> anova(out)
Analysis of Variance Table

Response: trichg
          Df Sum Sq Mean Sq F value    Pr(>F)
hgba1c     1 5442.7  5442.7 58.1068 1.353e-08 ***
trt        1  865.4   865.4  9.2387  0.004783 **
Residuals 31 2903.7    93.7
```

p-value=**0.004783**으로 두 치료 방법에 유의한 차이가 있다는 결론을 내린다.

15.7 연습

1. 공분산분석 대신 연속형 변수를 제거한 일원분산분석을 적용해보고 공분산분석 결과와 비교해보라.
2. 두 분석에 대한 회귀진단을 해보라.

제 16 장

비율(Proportions)

자료가 범주형(categorical)인 경우 기술통계는 흔히 비율의 형태로 표현된다. 단순히 비율만을 보고하기도 하지만 어떤 경우에는 비율을 가지고 가설검증을 해야 하는 경우가 있다. 이 장에서는 비율 하나에 대한 검정, 두 비율을 비교하는 검정, 셋 이상의 비율을 비교하는 검정, 적합성 검증을 다룬다.

16.1 하나의 비율: Binomial Test

하나의 비율이 어떤 값 p_0와 같은지 검정할 때 binom.test()로 exact test를 이용하거나 prop.test()로 정규분포에 근사시켜 분석할 수 있다.

가설

$$H_0\colon p = p_0$$

$$H_a\colon p \neq p_0$$

binom.test()

동전을 100번 던졌는데 앞면이 44번 나왔다. 이 동전의 앞면이 나올 확률이 0.5와 같은지 검정해보자. binom.test()는 이항분포로부터 직접 p-value를 구하는 **exact test**이다.

```
> binom.test(44,100)


        Exact binomial test
```

```
data:  44 and 100
number of successes = 44, number of trials = 100, p-value = 0.2713
alternative hypothesis: true probability of success is not equal to 0.5
95 percent confidence interval:
 0.3408360 0.5428125
sample estimates:
probability of success
                  0.44
```

p-value가 **0.2713**으로 0.05보다 크므로 동전의 앞면이 나올 확률이 0.5라는 귀무가설을 기각하지 못한다.

귀무가설	H_0: p = 0.5
대립가설	H_a: p $\neq$ 0.5
검정통계량	$\hat{p} = 0.44$
p-value	$0.2713 > 0.05$
결정	앞면이 나올 확률은 0.5이다.

아래와 같이 p_0를 디폴트인 0.5 이외에 다른 확률로 지정할 수 있고, `alter`를 사용하여 단측검정을 할 수 있다.

대립가설	R 명령어
$p \neq 0.5$	`binom.test(x,n)`
$p \neq p_0$	`binom.test(x,n,`p_0`)`
$p > p_0$	`binom.test(x,n,`p_0`,alter="greater")`
$p < p_0$	`binom.test(x,n,`p_0`,alter="less")`

prop.test()

`prop.test()`는 아래와 같이 귀무가설하의 기대값인 p_0를 빼고 표준오차 $\sqrt{p_0(1-p_0)/n}$로 나누어 정규분포에 근사시킨다.

$$\frac{\widehat{p} - p_0}{\sqrt{p_0(1-p_0)/n}}$$

binom.test()의 모든 옵션들은 prop.test()에도 똑같이 적용된다.

```
> prop.test(44,100)

        1-sample proportions test with continuity correction

data:  44 out of 100, null probability 0.5
X-squared = 1.21, df = 1, p-value = 0.2713
alternative hypothesis: true p is not equal to 0.5
95 percent confidence interval:
 0.3420219 0.5426412
sample estimates:
   p
0.44
```

도수가 어느 정도 크면 보통 prop.test()는 binom.test()와 근사한 결과를 준다. 이 경우 소수점 4자리까지 같은 p-value를 얻는다.

귀무가설	H_0: $p = 0.5$
대립가설	H_a: $p \neq 0.5$
검정통계량	$\chi^2(\text{df} = 1) = 1.21$
p-value	$0.2713 > 0.05$
결정	앞면이 나올 확률은 0.5이다.

도수가 커질수록 **exact test**인 binom.test()와 prop.test()와의 차이는 적어진나. exact test는 많은 계산이 요구되므로 과거에는 도수가 작을 때만 사용하고 도수가 커지면 정규분포에 근사시켰다. 그러나 컴퓨터가 좋아진 요즘에는 도수가 어느 정도 커도 **exact test**를 수행하는 게 크게 문제가 되지 않는다. 그러므로 binom.test()를 실행해 몇 분을 기다려도 값이 나오지 않는다면 prop.test()를 사용하겠지만 그렇지 않은 경우에는 정확한 분포를 이용한 binom.test()를 사용하는 편이 좋다.

연속성 수정

이산형 분포를 연속형인 정규분포나 χ^2-분포에 근사시켜 생기는 오차를 보정해준 것이 연속성 수정(continuity correction)이다. 연속성 수정을 한 검정이 수정을 하지 않은 검정보다 **exact test**에 좀 더 가깝다. `prop.test()`에 `correct=FALSE`를 추가하면 연속성 수정을 하지 않고, 아무런 설정도 하지 않으면 `correct=TRUE`가 디폴트여서 연속성 수정을 한다. `correct=FALSE`를 사용한 아래의 결과는 p-value=0.2301로 `binom.test()`의 결과(p-value = 0.2713)와 조금 차이가 있다.

```
> prop.test(44,100, correct=FALSE)

        1-sample proportions test without continuity correction

data:  44 out of 100, null probability 0.5
X-squared = 1.44, df = 1, p-value = 0.2301
alternative hypothesis: true p is not equal to 0.5
95 percent confidence interval:
 0.3467203 0.5377190
sample estimates:
   p
0.44
```

16.2 적합성 검정(Goodness of Fit)

적합성 검정은 관찰값이 기대되는 값과 일치하는지 조사하는 검정이다.

가설

$$H_0\colon p_1 = p_{10},\ p_2 = p_{20},\ \cdots,\ p_k = p_{k0}$$

$$H_a\colon \text{not } H_0$$

$p_{10} + p_{20} + \cdots + p_{k0}$는 반드시 1이어야 한다.

강낭콩 교배 실험을 통해 아래와 같은 결과를 얻었다. 멘델의 법칙에 의하면 아래 표의 네 가지 표현형은 9:3:3:1의 비율을 따른다.

표현형	노란색&둥글	노란색&주름	녹색&둥글	녹색&주름
관찰된 도수	216	79	65	21
이론적 비율	9	3	3	1

chisq.test()를 사용하여 적합성 검정을 할 수 있다. 첫 번째에는 도수를 입력하고, 두 번째에는 기대되는 확률을 입력하는데 이 확률들의 합은 반드시 1이어야 한다. 이 경우 비율이 9:3:3:1이므로 합인 16으로 나눠줘 합이 1이 되게 한다.

```
> c(9,3,3,1)/16
[1] 0.5625 0.1875 0.1875 0.0625
```

chisq.test()에 도수와 기대확률을 입력해보자.

```
> chisq.test(c(216,79,65,21), p=c(9,3,3,1)/16)

        Chi-squared test for given probabilities

data:  c(216, 79, 65, 21)
X-squared = 1.7262, df = 3, p-value = 0.6311
```

p-value=**0.6311**로 표현형의 비율이 9:3:3:1이라는 귀무가설을 기각하지 못한다.

귀무가설	H_0: 표현형의 비율이 9:3:3:1이다.
대립가설	H_a. 표현형의 비율이 9:3:3:1이 아니다.
검정통계량	$\chi^2(\text{df} = 3)$=1.7262
p-value	$0.6311 > 0.05$
결정	표현형의 비율이 9:3:3:1이다.

16.3 두 비율의 차이

독립 vs 종속

동전을 100번 던졌는데 앞면이 44번 나왔다면 뒷면은 자동적으로 100−44인 56번이 나온다. 그리므로 앞면이 나오는 횟수와 뒷면이 나오는 횟수는 하나가 결정되면 나머지도 결정되는 **종속**관계이다. 반면 두 사람이 동전을 100번씩 던졌다면 한사람의 앞면이 나오는 횟수와 다른 사람의 앞면이 나오는 횟수는 **독립**관계이다.

prop.test()

독립적인 두 비율의 차이가 있는지 검정하고 싶다면 귀무가설은 두 비율이 같다는 H_0: $p_1 = p_2$이고 대립가설과 해당 R 명령어는 아래와 같다.

대립가설	R 명령어
$p_1 \neq p_2$	prop.test(c(x_1,x_2),c(n_1,n_2))
$p_1 > p_2$	prop.test(c(x_1,x_2),c(n_1,n_2),alter="greater")
$p_1 < p_2$	prop.test(c(x_1,x_2),c(n_1,n_2),alter="less")

A는 주사위를 50번 던져 1의 눈이 9번 나왔고, B는 60번을 던져 1의 눈이 8번 나왔다.

	1	2∼6	합
A	9	41	50
B	8	52	60

두 사람의 1의 눈이 나오는 비율이 같은지 아래와 같이 검정할 수 있다.

```
> prop.test(c(9,8),c(50,60))

	2-sample test for equality of proportions with continuity correction

data:  c(9, 8) out of c(50, 60)
X-squared = 0.1676, df = 1, p-value = 0.6823
alternative hypothesis: two.sided
95 percent confidence interval:
```

```
 -0.1085548  0.2018881
sample estimates:
   prop 1    prop 2
0.1800000 0.1333333
```

p_1=0.18, p_2=0.133이고 p-value=**0.6823**으로 유의하지 않다.

귀무가설	H_0: $p_1 = p_2$
대립가설	H_a: $p_1 \neq p_2$
검정통계량	χ^2(df=1) = 0.1676
p-value	0.6823 > 0.05
결정	두 비율은 유의한 차이가 없다.

16.4 셋 이상 비율의 차이

prop.test()로 셋 이상의 비율들이 모두 동일한지도 검정할 수 있다. A, B, C 세사람이 주사위를 각각 100번씩 던져 1의 눈이 나올 비율을 구한 결과 14, 18, 15번이었다. A, B, C의 1의 눈이 나오게 던지는 확률이 같은지 검정해보자.

```
> prop.test(c(14,18,15),c(100,100,100))

        3-sample test for equality of proportions without continuity
        correction

data:  c(14, 18, 15) out of c(100, 100, 100)
X-squared = 0.656, df = 2, p-value = 0.7204
alternative hypothesis: two.sided
sample estimates:
prop 1 prop 2 prop 3
  0.14   0.18   0.15
```

p_1=0.14, p_2=0.18, p_3=0.15이고 p-value=**0.7204**로 유의하지 않다.

귀무가설	H_0: $p_1 = p_2 = p_3$
대립가설	H_a: not H_0
검정통계량	χ^2(df=2) = 0.656
p-value	$0.7204 > 0.05$
결정	세 비율간에 유의한 차이가 없다.

16.5 Simulation *

이항분포(binomial distribution)

동전 10번 던지는 것을 앞면이 나올 확률이 0.5인 이항분포로부터 시뮬레이션해보자. 1을 앞면, 0을 뒷면이라 하자. 동전 10개를 동시에 던져서 각각이 앞면(1)인지 뒷면(0)인지 기록하는 것과 동일한 시행이다.

```
> rbinom(n=10, size=1, p=0.5)
 [1] 0 1 1 1 1 1 0 0 1 1
```

동전 10개를 한꺼번에 던져 앞면이 몇 개 나오는지 시뮬레이션해보자. 10개 중 3개가 앞면이 나왔다.

```
> rbinom(n=1, size=10, p=0.5)
[1] 3
```

동전 10개를 던져 앞면이 나오는 동전 수를 세는 시행을 5번 반복하자.

```
> rbinom(n=5, size=10, p=0.5)
[1] 3 5 5 6 7
```

다항분포(multinomial distribution)

주사위를 한 번 던져보자. 각 눈이 나올 확률이 모두 1/6로 동일하자고 가정하자.

```
> rmultinom(n=1, size=1, p=c(1,1,1,1,1,1)/6)
     [,1]
[1,]    0
[2,]    0
[3,]    0
[4,]    0
[5,]    0
[6,]    1
```

10개의 주사위를 동시에 던져 각 눈이 나온 횟수를 기록해보자.

```
> rmultinom(n=1, size=10, p=c(1,1,1,1,1,1)/6)
     [,1]
[1,]    0
[2,]    2
[3,]    2
[4,]    2
[5,]    3
[6,]    1
```

위의 시행을 5번 반복하자.

```
> rmultinom(n=5, size=10, p=c(1,1,1,1,1,1)/6)
     [,1] [,2] [,3] [,4] [,5]
[1,]    0    2    2    3    1
[2,]    2    0    2    1    1
[3,]    2    1    1    1    1
[4,]    2    3    3    1    0
[5,]    3    2    1    1    2
[6,]    1    2    1    3    5
```

16.2절의 멘델의 강낭콩 교배 실험을 시뮬레이션해보자.

```
> rmultinom(n=1, size=381, p=c(9,3,3,1)/16)
     [,1]
[1,]  222
[2,]   66
[3,]   68
[4,]   25
```

16.6 연습

1. 주사위를 200번 던졌는데 1의 눈이 41번 나왔다.

   a) 1이 나올 확률이 1/6과 같은지 검정하라.

   b) 1이 나올 확률이 1/6보다 큰지 검정하라.

2. 라스베이거스 도박장에서 사용된 주사위 하나가 의심스러워 100번 던져 나온 각각 눈의 수를 기록했다. 각 눈이 나올 확률이 1/6인지 검정해보라(적합성 검정).

주사위 눈	1	2	3	4	5	6
도수	23	17	15	14	14	17

3. 근로자 수가 120명인 중소기업 A에 연봉 5천만 원이 넘는 사람이 32명이고, 근로자 수가 270명인 중소기업 B에 연봉 5천만 원이 넘는 사람이 107명이었다. A와 B의 연봉 5천만 원이 넘는 근로자의 비율이 같은지 검정하라.

제 17 장

테이블(Tables)

17.1 Table 만들기

R에서 χ^2-test, Fisher의 exact test, McNemar test는 table 형태의 데이터가 필요하다. table은 `xtabs()`로 만들지만, table 안에 들어가는 도수를 아는 경우에는 `matrix()`로 table을 행렬의 형태로 직접 입력하면 간단하다.

예: respire

124명(`test` 그룹: 60명, `placebo` 그룹: 64명)을 대상으로 병세가 호전되는지(`outcome`=1) 그렇지 않은지(`outcome`=0) 조사하여 아래와 같은 결과를 얻었다.

	outcome		
treat	0	1	합
placebo	48	16	64
test	20	40	60

데이터 `respire2.csv`는 124명의 모든 정보를 나열하여 124개의 관찰치를 가지고 있고, `respire.csv`는 `treat`×`outcome`의 조합으로 요약된 4개의 관찰치를 가지고 있다. 데이터를 엑셀로 열어 확인하기 바란다.

matrix()

위의 table을 `matrix()`로 다음과 같이 동일한 형태의 행렬로 입력할 수 있다.

```
> matrix(c(48,20,16,40),ncol=2)
     [,1] [,2]
[1,]   48   16
[2,]   20   40
```

matrix(**벡터**, ncol=**열의수**)로 벡터를 행렬로 바꿀 수 있는데, 원하는 table과 같은 형태의 행렬을 만들려면 벡터를 나열하는 순서에 주의해야 한다. 아래와 같은 3×4 table이라면 matrix(c(n_{11},n_{21},n_{31},n_{12}, $\cdots$, n_{34}),ncol=4)로 첫 번째 열부터 마지막 열까지 열로 입력한다.

$$\begin{pmatrix} n_{11} & n_{12} & n_{13} & n_{14} \\ n_{21} & n_{22} & n_{23} & n_{24} \\ n_{31} & n_{32} & n_{33} & n_{34} \end{pmatrix}$$

c(n_{11},n_{12},n_{13},n_{14},n_{21}, $\cdots$, n_{34})로 첫 번째 행부터 마지막 행까지 행으로 입력하고 싶다면 아래와 같이 byrow=TRUE라는 옵션을 추가한다. 그러나 R에서 행렬의 연산은 행이 아닌 열을 중심으로 행해지므로 열로 입력하는 방식에 익숙해지기를 권장한다.

```
> matrix(c(48,16,20,40),ncol=2,byrow=TRUE)
     [,1] [,2]
[1,]   48   16
[2,]   20   40
```

xtabs()

respire.csv를 읽어보면 아래와 같이 count 변수가 도수로 요약되었음을 알 수 있다.

```
> respire = read.csv("respire.csv")
> respire
    treat outcome count
1 placebo       1    16
2 placebo       0    48
3    test       1    40
4    test       0    20
```

이런 경우 다음 형태의 xtabs()명령어를 사용한다.

xtabs(도수 ~ 가로 + 세로)

```
> resp = xtabs(count~treat+outcome, data=respire)
> resp
         outcome
treat      0  1
  placebo 48 16
  test    20 40
```

respire2.csv를 보면 respire.csv와 동일한 정보를 가지고 있으나, 각각 범주의 도수를 나타내는 count는 없고 124개의 관찰치가 모두 나열되어 있다.

```
> respire2 = read.csv("respire2.csv")
> respire2
      treat outcome
1   placebo       1
2   placebo       1
3   placebo       1
4   placebo       1
.
.
.
123    test       1
124    test       1
```

요약되어 있지 않으면 도수 변수를 생략하고 가로, 세로 변수명만 xtabs()에 넣어준다. resp2는 resp와 동일한 데이터임을 알 수 있다.

xtabs(~ 가로 + 세로)

```
> resp2 = xtabs(~treat+outcome, data=respire2)
> resp2
         outcome
treat      0  1
  placebo 48 16
  test    20 40
```

17.2 χ^2-Test

테이블을 분석할 때 가장 많이 사용하는 검정은 χ^2-test로 가로와 세로가 독립인지 검정한다. 기대도수가 5이하인 cell이 전체 cell의 20%가 넘으면 Fisher의 exact test가 권장된다. 그러나 모든 cell의 도수가 어느 정도 크면 χ^2-test는 Fisher의 exact test와 거의 차이가 없다.

분석과 해석

데이터 `respire`에서 치료 방법(`test`, `placebo`)의 차이가 병세의 호전(1: `favorable`, 0: `unfavorable`)에 영향을 주는지 검정해보자. χ^2-test는 `chisq.test(table)`이나 `chisq.test(`**행렬**`)`을 이용한다..

```
> chisq.test(matrix(c(48,20,16,40),ncol=2))

        Pearson's Chi-squared test with Yates' continuity correction

data:  matrix(c(48, 20, 16, 40), ncol = 2)
X-squared = 20.0589, df = 1, p-value = 7.509e-06
```

p-value=7.509×10^{-6}로 매우 유의하다.

귀무가설	H_0: 치료 방법의 차이는 결과에 영향을 주지 않는다.
대립가설	H_a: 치료 방법의 차이는 결과에 영향을 준다.
검정통계량	$\chi^2(\text{df}=1) = 20.0589$
p-value	$7.509 \times 10^{-6} < 0.05$
결정	치료 방법의 차이는 결과에 영향을 준다.

`xtabs()`로 만든 테이블 `resp`나 `resp2`를 이용하여 다음과 같이 해도 동일한 결과를 얻는다.

```
> chisq.test(resp)
```

17.3 Fisher의 Exact Test

Fisher의 Exact Test는 초기하분포(hypergeometric distribution)를 이용하여 p-value를 계산한다. 그러나 테이블의 도수들이 큰 경우 exact test는 많은 계산이 요구되므로 exact test와 거의 차이가 없는 χ^2-test를 이용하기도 한다.

예: tea

다음 데이터는 Fisher가 exact test를 소개한 논문에 제시된 데이터 `tea`이다. 우유를 먼저 넣고 차를 부었는지, 차에 우유를 추가했는지 맞출 수 있다는 한 여성의 주장을 증명하기 위한 실험이다. 그 자리에 있었던 Fisher가 실험을 직접 디자인했다고 한다. 변수 `poured`는 실제로 먼저 부은 것이고, `guessed`는 이 여성이 먼저 부었다고 추측한 것이다. 우유를 먼저 부은 네 개 중 세 개를 맞게 추측하고, 차를 먼저 부은 네 개 중 세 개를 맞게 추측했다.

	guessed		
poured	milk	tea	합
milk	3	1	4
tea	1	3	4
합	4	4	8

분석과 해석: Exact Test

Fisher의 exact test는 `fisher.test()`를 이용한다.

```
> fisher.test(matrix(c(3,1,1,3),ncol=2))

        Fisher's Exact Test for Count Data

data:  matrix(c(3, 1, 1, 3), ncol = 2)
p-value = 0.4857
alternative hypothesis: true odds ratio is not equal to 1
95 percent confidence interval:
   0.2117329 621.9337505
```

```
sample estimates:
odds ratio
  6.408309
```

p-value=**0.4857**로 유의하지 않게 나와, 실제로 부은 것과 그 여성의 추측은 연관성이 없다는 결론을 내린다.

귀무가설	H_0: 실제와 추측은 연관성이 없다.
대립가설	H_a: 실제와 추측은 연관성이 있다.
p-value	$0.4857 > 0.05$
결정	실제와 추측은 연관성이 없다.

참고: Exact Test vs. χ^2-Test

Fisher의 exact test 대신 χ^2-test를 해보자. χ^2-test 결과 p-value=0.4795로 exact test와 거의 같은 p-value가 나왔다.

```
> chisq.test(matrix(c(3,1,1,3),ncol=2))

        Pearson's Chi-squared test with Yates' continuity correction

data:  matrix(c(3, 1, 1, 3), ncol = 2)
X-squared = 0.5, df = 1, p-value = 0.4795

Warning message:
In chisq.test(matrix(c(3, 1, 1, 3), ncol = 2)) :
  Chi-squared approximation may be incorrect
```

그러나 맨 밑에 χ^2-test 결과가 정확하지 않을지도 모른다는 **Warning**이 추가되었음을 알 수 있다. 그러므로 table의 도수가 충분히 크면 χ^2-test를 이용하고, χ^2-test가 정확하지 않을지도 모른다는 **Warning**이 출력되면 Fisher의 exact test를 사용하면 된다.

17.4 Cochran-Armitage Trend Test

독립성 검정은 χ^2-test를 이용한다. 그러나 열이나 행이 명목형 변수가 아닌 순서가 있는 **ordinal** 변수여서 trend를 보고 싶다면 Cochran-Armitage trend test를 이용한다.

예

투여한 신경안정제의 용량(low, medium, high)이 정신병의 증상에 미치는 영향(favorable: 증상이 좋아짐, unfavorable: 증상이 악화되거나 변화 없음)을 조사하고자 한다.

	low	medium	high
favorable	13	7	21
unfavorable	29	7	7
total	42	14	28

분석과 해석: Trend Test

favorable의 확률은 low인 경우 0.31(=13/42), medium인 경우 0.5(=7/14), high인 경우 0.75(=21/28)로 점차 증가함을 알 수 있다. unfavorable의 확률은 0.69, 0.5, 0.25로 점차 감소한다. 위와 같이 열의 level이 low, medium, high로 순차적으로 증가하거나 감소하는 ordinal 변수인 경우 추세가 있는지 알아보기 위하여 `prop.trend.test()`로 Cochran-Armitage trend test를 시행한다.

위의 테이블에서 13, 7, 21은 각각 favorable인 경우 low, medium, high의 도수이고, 42, 14, 28은 각 low, medium, high의 favorable과 unfavorable 도수의 합이다.

```
> prop.trend.test(c(13,7,21),c(42,14,28))

        Chi-squared Test for Trend in Proportions

data:  c(13, 7, 21) out of c(42, 14, 28) ,
 using scores: 1 2 3
X-squared = 13.0139, df = 1, p-value = 0.0003092
```

귀무가설	H_0: 추세가 없다.
대립가설	H_a: 추세가 있다.
검정통계량	$\chi^2(\text{df} = 1)$=13.0139
p-value	$0.0003092 < 0.05$
결정	favorable의 확률은 약의 용량에 비례하는 추세를 보인다.

favorable의 도수인 13, 7, 21 대신 unfavorable의 도수인 29, 7, 7을 사용해도 동일한 결과를 얻는다.

```
> prop.trend.test(c(29,7,7),c(42,14,28))
```

참고: χ^2-test를 적용해야 하는 경우

약의 용량이 너무 적으면 효과가 없고 너무 많으면 부작용을 줄 수도 있으므로 경우에 따라서는 medium 용량이 가장 좋은 효과를 줄 수 있다. 이런 경우 실제로 약의 용량과 효과 사이에 연관성이 있음에도 불구하고 low, medium, high의 trend만을 검정하는 Cochran-Armitage trend test로는 연관성을 찾아내기가 힘들 수 있다. 이런 경우 χ^2-test를 사용하는 것이 좋다.

데이터를 아래와 같이 바꾸어 medium이 가장 좋은 효과가 나오고 high의 효과를 안 좋게 만들어보자.

	low	medium	high
favorable	13	10	10
unfavorable	29	4	18
합	42	14	28

Cochran-Armitage trend test는 p-value=**0.5338**로 유의하지 않게 나온다.

```
> prop.trend.test(c(13,10,10),c(42,14,28))

        Chi-squared Test for Trend in Proportions

data:  c(13, 10, 10) out of c(42, 14, 28) ,
```

```
 using scores: 1 2 3
X-squared = 0.3872, df = 1, p-value = 0.5338
```

χ^2-test는 p-value=**0.02427**로 유의하게 나온다.

```
> chisq.test(matrix(c(13,29,10,4,10,18),ncol=3))

        Pearson's Chi-squared test

data:  matrix(c(13, 29, 10, 4, 10, 18), ncol = 3)
X-squared = 7.4367, df = 2, p-value = 0.02427
```

17.5 McNemar Test

연관된 두 binary 변수의 일치도를 조사할 때 McNemar test를 이용한다. 이 경우 측정된 값이 binary인 matched-pair로, χ^2-test가 독립적인 t-test에 대응된다면 McNemar의 검정은 paired t-test에 대응된다.

예: 광고효과

김연아 선수의 광고 출연 효과를 조사하기 위해 32명을 대상으로 김연아 선수가 광고하는 상품 A와 경쟁 상품인 B에 대한 선호도를 비교하였다. 광고 전에 어떤 상품을 선호하는지 조사하고 광고 한 달 후 다시 같은 사람을 대상으로 어떤 상품을 선호하는지 조사하였다.

	광고 후	
광고 전	A	B
A	5	5
B	15	7

분석과 해석

김연아 선수의 광고 출연 효과가 선호도에 차이를 주는지 `mcnemar.test()`를 이용하여 McNemar test로 검증해보자.

```
> mcnemar.test(matrix(c(5,15,5,7),ncol=2))

        McNemar's Chi-squared test with continuity correction

data:  matrix(c(5, 15, 5, 7), ncol = 2)
McNemar's chi-squared = 4.05, df = 1, p-value = 0.04417
```

p-value=0.04417로 유의하게 나왔다.

귀무가설	H_0: 김연아 선수의 광고 출연은 제품 선호도에 영향을 주지 않는다.
대립가설	H_a: 김연아 선수의 광고 출연은 제품 선호도에 영향을 준다.
검정통계량	$\chi^2(\text{df}=1) = 4.05$
p-value	$0.04417 < 0.05$
결정	김연아 선수의 광고 출연은 제품 선호도에 영향을 준다.

17.6 참고

17.1 절 `respire` 테이블에서

	outcome		
treat	0	1	합
placebo	48	16	64
test	20	40	60

행의 합 64, 60은 제시되고, 열의 합 68, 56은 제시되지 않았다는 점을 주목하기 바란다. 이유는 `test`, `placebo` 그룹에 배정된 표본수 64, 60이 인구에 비례한 수가 아니라 작위적인 수이기에 행의 합 64, 60으로 도수를 나누면 확률의 의미를 갖지만, 열의 합 68, 56으로 도수를 나누면 의미가 없기 때문이다.

행의 합 64, 60으로 도수를 나누어 보자. `placebo` 그룹의 병세가 호전된 비율이 16/64 이고, `test` 그룹의 병세가 호전된 비율은 40/60이다. 이번엔 열의 합으로 도수를 나눈 비율을 보자. 병세가 호전된 사람이 `test` 그룹에 속할 확률이 0.7142857(=40/56)이고, 병세가 호전되지 않은 사람이 `test` 그룹에 속할 확률이 0.2941176 (=20/68)이라고 주장할 수 있을까?

60명 대신 두배인 120명을 `test` 그룹에 배정시켜 보면 열의 합으로 도수를 나눈 비율이 왜 의미가 없는지 쉽게 알 수 있다. `test` 그룹의 배정된 120명이 `outcome` (0, 1)이 60 명일 때와 같은 비율인 40, 80이 나왔다고 하자.

	outcome		
treat	0	1	합
placebo	48	16	64
test	40	80	120

행의 합 64, 120으로 도수를 나누면 `test` 그룹에 60명이 배정된 경우와 동일한 비율을 얻는다. 그러나 열의 합 88, 96으로 도수를 나누면 병세가 호전된 사람이 `test` 그룹에 속한 비율이 0.8333333(=80/96)이고, 병세가 호전되지 않은 사람이 `test` 그룹인 비율에 속한 비율은 0.4545455(=40/88)로 `test` 그룹에 60명이 배정된 경우와 상당히 다른 결과가 나온다. 그러므로 이런 실험 디자인에서 열의 합으로 도수를 나눈 비율은 확률적인 의미가 없다.

17.7 Simulation *

168 쪽에 사용된 테이블을 시뮬레이션해보자.

	low	medium	high	합
favorable	13	10	10	33
unfavorable	29	4	18	51
합	42	14	28	84

행의 합과 열의 합을 `r2dtable()`에 넣어주면 초기하분포(hypergeometric distribtion)를 따르는 random table 하나를 다음과 같이 만들어낸다.

```
> r2dtable(n=1,c(33,51),c(42,14,28))
[[1]]
     [,1] [,2] [,3]
[1,]   17    4   12
[2,]   25   10   16
```

17.8 연습

1. 한 놀이방에 있는 120명의 아이들을 대상으로 일주일에 평균 몇 시간을 놀이방에서 보냈는지 조사한 후 심리 테스트로 안정, 불안정을 평가하였다. 놀이방에서 보낸 시간과 심리적 안정도가 연관성이 있는지 검정하라(Cochran-Armitage trend test).

	Low (0-3시간)	Moderate (4-19시간)	High (20시간 이상)
안정	31	40	6
불안정	13	12	9

2. 남편과 아내에게 결혼생활에 만족하는지를 물었다. 남편과 아내의 견해가 일치하는지 검정하라(McNemar test).

	아내	
남편	불만족	만족
불만족	10	10
만족	5	20

제 18 장

Logistic Regression

18.1 소개

회귀분석이나 분산분석은 종속변수가 연속형이다. Logistic regression은 종속변수가 (0, 1), (살다, 죽다), (효과 없다, 효과 있다) 등과 같이 binary이고, odds의 log-변환을 종속변수로 모형화한다.

18.2 이해

17.1 절에서 사용한 `respire.csv`를 이용해보자.

	outcome		
treat	0	1	total
placebo	48	16	64
test	20	40	60

Odds

odds는 일어날 확률과 일어나지 않을 확률의 비이다. 즉 일어날 확률이 일어나지 않을 확률의 몇 배인지 보여준다. placebo의 경우 1이 발생할 확률이 16/64이고, 1이 아닐 확률은 48/64로 odds는 16/48이다. test의 경우 odds는 40/20이다.

$$\text{odds} = \frac{p}{1-p}$$

Odds Ratio

test의 odds가 placebo의 odds의 몇 배인지 보고싶을 때는 두 odds의 비인 odds ratio를 사용한다.

$$\text{Odds Ratio} = \frac{\text{odds}_{\text{test}}}{\text{odds}_{\text{placebo}}} = \frac{40/20}{16/48} = \frac{48 \times 40}{16 \times 20} = 6$$

Logistic Regression

Logistic regression은 odds를 log-변환시킨 log(odds)를 모형화한다.

$$\log \frac{p}{1-p} = \beta_0 + \beta_1 x_1 + \beta_2 x_2 + \cdots + \beta_k x_k \tag{18.1}$$

odds는 아래와 같이 exp의 형태로 표현된다.

$$\frac{p}{1-p} = e^{\beta_0 + \beta_1 x_1 + \beta_2 x_2 + \cdots + \beta_k x_k} \tag{18.2}$$

x_i가 연속형인 경우 e^{β_i}는 x_i를 한 단위 증가시켰을 때 $(x_i + 1 \text{ vs } x_i)$의 odds ratio이고, x_i가 (0, 1)인 binary이면 e^{β_i}는 0에대한 1의 odds ratio이다.

1이 일어날 확률은 다음과 같이 표현된다.

$$p = \frac{e^{\beta_0 + \beta_1 x_1 + \beta_2 x_2 + \cdots + \beta_k x_k}}{1 + e^{\beta_0 + \beta_1 x_1 + \beta_2 x_2 + \cdots + \beta_k x_k}} \tag{18.3}$$

p는 logistic-함수 $f(x) = \frac{e^x}{1+e^x}$로 표현되므로 logistic regression이라고 불린다. 또한 식 (18.1)에서 p가 logit-함수$f(x) = \log \frac{x}{1-x}$를 매개로 x_i들의 선형으로 표현되므로 logistic regression은 logit-link를 가지는 generalized linear models라고 한다.

18.3 예 1

17 장에서 사용한 respire.csv, respire2.csv를 읽어보자.

```
> respire = read.csv("respire.csv")
> respire2 = read.csv("respire2.csv")
```

종속변수 outcome은 (0, 1)로 binary이고, treat를 설명변수로 사용하여 outcome이 1일 확률이 treat(placebo vs test) 간에 차이가 있는지 보고자 한다.

18.4 분석과 해석: 예 1

glm() 이용하기

회귀분석과 형식은 동일하다. 차이는 종속변수인 outcome이 binary라는 것과 lm() 대신 glm()을 사용한다는 것이다. 그리고 중요한 것은 **family = binomial**을 반드시 넣어야 한다.

glm(종속변수 ~ 독립변수들, family=binomial)

```
> out = glm(outcome ~ treat, family=binomial, data=respire2)
> summary(out)

Call:
glm(formula = outcome ~ treat, family = binomial, data = respire2)

Deviance Residuals:
    Min       1Q   Median       3Q      Max
-1.4823  -0.7585  -0.7585   0.9005   1.6651

Coefficients:
            Estimate Std. Error z value Pr(>|z|)
(Intercept)  -1.0986     0.2887  -3.806 0.000141 ***
treattest     1.7918     0.3979   4.503  6.7e-06 ***
---
Signif. codes:  0 '***' 0.001 '**' 0.01 '*' 0.05 '.' 0.1 ' ' 1

(Dispersion parameter for binomial family taken to be 1)

    Null deviance: 170.74  on 123  degrees of freedom
Residual deviance: 148.36  on 122  degrees of freedom
AIC: 152.36

Number of Fisher Scoring iterations: 4
```

(test−placebo)인 **treattest**의 p-value가 6.7×10^{-6}으로 0에 가까와 매우 유의함을 알 수 있다.

데이터 respire.csv로도 같은 결과를 얻는다. 이 데이터는 변수 count로 frequency가 요약된 자료이므로 weights=count를 glm()에 추가해준다.

```
> respire = read.csv("respire.csv")
> glm(outcome ~ treat, weights=count, family=binomial, data=respire)
```

Odds Ratio

위 분석에서 treattest(test−placebo)=1.792이다. 즉 대조군인 placebo군에 비해 test군이 1.792만큼 높다는 것이다. 그러면 1.792만큼 무엇이 높은지 알아보자.

```
> coef(out)
(Intercept)   treattest
  -1.098612    1.791759
```

logistic regression은 odds의 log-변환으로 모형화한다. log의 역변환인 exp로 변환해야 원래 값으로 돌아온다. 즉 이 경우 test군의 log-변환한 odds가 placebo보다 1.792만큼 높으므로 두 odds의 비인 odds ratio는 $e^{1.792} = 6$로 test군의 odds가 placebo군보다 6배 높다고 해석한다.

회귀계수들을 exp로 변환한 odds ratio는 다음과 같이 구한다.

```
> exp(coef(out))
(Intercept)   treattest
  0.3333333   6.0000000
```

보통 y-절편(Intercept)은 의미없으므로, treattest만 출력하려면 다음과 같이 한다.

```
> exp(coef(out)["treattest"])
treattest
        6
```

이 모형으로부터 각 그룹의 odds를 구해보자. `placebo`군이 대조군(reference)으로 사용되었으므로 x=0으로 정의되고, `test`군은 x=1로 정의하면, p를 `outcome`이 1일 확률로 정의한 logistic regression은 다음과 같다.

$$\log \frac{p}{1-p} = -1.099 + 1.792\,x \tag{18.4}$$

위식을 odds인 $\frac{p}{1-p}$로 표현하기 위하여 exp로 변환하면 다음과 같다.

$$\frac{p}{1-p} = e^{-1.099+1.792\,x} \tag{18.5}$$

`outcome`이 1일 확률(p)로 표현하면 다음과 같다.

$$p = \frac{e^{-1.099+1.792\,x}}{1+e^{-1.099+1.792\,x}} \tag{18.6}$$

이 모형으로부터 각 그룹의 odds를 구하면 아래와 같다. `test`의 경우 x=1이고 `placebo`인 경우 x=0임을 주목하라.

그룹	Pr(outcome=1)	odds
placebo	$\frac{e^{-1.099}}{1+e^{-1.099}} = 0.2499273$	$e^{-1.099} = 0.3332041$
test	$\frac{e^{-1.099+1.792}}{1+e^{-1.099+1.792}} = 0.666634$	$e^{-1.099+1.792} = 1.999706$

`test`군의 `placebo`군에 대한 odds ratio는 1.999706/0.3332041=6이다.

Odds Ratio의 95% 신뢰구간

treattest의 95% 신뢰구간은 `confint()`함수를 이용하여 구한다.

```
> confint(out)
Waiting for profiling to be done...
                 2.5 %     97.5 %
(Intercept) -1.695400 -0.5556145
treattest    1.030878  2.5961276
```

단, 이 신뢰구간은 log(odds ratio)의 신뢰구간이므로 exp()로 변환시켜준다.

```
> exp(confint(out))
Waiting for profiling to be done...
                2.5 %     97.5 %
(Intercept) 0.1835258  0.5737196
treattest   2.8035257 13.4117020
```

treattest의 odds ratio의 95% 신뢰구간은 (2.803526, 13.411702)로 1을 포함하지 않아 treattest의 p-value가 0.05보다 작다는 결과와 일치한다.

tapply() 이용하기 *

이렇게 간단한 table은 logistic regression을 적합시키지 않고도 tapply()를 이용한 연산으로 원하는 결과를 얻을 수 있다.

```
> respire = read.csv("respire.csv")
```

각 그룹의 outcome=1일 확률을 구해보자. 먼저 각 그룹의 총 도수 64, 60은 다음과 같이 tapply()를 이용하여 구할 수 있다.

```
> with(respire, tapply(count, treat, sum))
placebo    test
     64      60
```

outcome=1인 사람의 도수 16, 40은 다음과 같이 구한다. count와 outcome을 곱하면 outcome=0에 해당되는 도수는 0과 곱해지므로 사라지고, outcome=1에 해당되는 도수만 남는다.

```
> with(respire, tapply(count*outcome, treat, sum))
placebo    test
     16      40
```

위에서 구해진 두 결과의 비율이 각 그룹의 outcome이 1일 확률(p)이다.

```
> p = with(respire, tapply(count*outcome,treat,sum)/tapply(count,treat,sum))
> p
  placebo      test
0.2500000 0.6666667
```

각 그룹의 odds는 다음과 같이 구한다.

```
> odds = p/(1-p)
> odds
  placebo      test
0.3333333 2.0000000
```

odds ratio는 두 odds의 비이다. `odds[i]`는 벡터 odds의 i번째 값이다.

```
> odds[2]/odds[1]
test
   6
```

respire2로 outcome이 1인 확률을 구하려면 다음과 같이 한다. `length()`함수는 각 그룹의 도수를 세고, `sum()`은 outcome의 합을 구하므로 outcome=1인 관찰치의 도수를 센다.

```
> respire2 = read.csv("respire2.csv")
> with(respire2, tapply(outcome,treat,sum)/tapply(outcome,treat,length))
  placebo      test
0.2500000 0.6666667
```

18.5 예 2: Dose-Response

dose	response
0	3/10
1	5/10
2	8/10

이 데이터는 독성학이나 약학에서 dose-response라고 불리는 실험이다. 이 경우 쥐 30마리를 10마리씩 세 그룹으로 나눈 후 각각 약의 양(dose)을 0, 1, 2를 주입해 10마리의 쥐 중 몇 마리가 죽는지 실험을 했다. dose가 0일 때 10마리 중 3마리가, dose가 1일 때 10마리 중 5마리가, dose가 3일 때 10마리 중 8마리가 죽었다. dose가 증가할수록 죽을 확률이 높아짐을 알 수 있다.

toxic.csv를 읽어보자.

```
> toxic = read.csv("toxic.csv")
> toxic
  dose response count
1    0        0     7
2    0        1     3
3    1        0     5
4    1        1     5
5    2        0     2
6    2        1     8
```

각 dose마다 response가 0(생존) 또는 1(사망)로 binary이고 각각의 도수가 count에 기록되어 있다. dose가 0인 경우 10마리 중 3마리가 죽고 7마리가 생존했음을 알 수 있다.

각 dose군의 사망률은 다음과 같이 tapply()를 이용하여 구한다.

```
> with(toxic,tapply(count*response,dose,sum)/tapply(count,dose,sum))
  0   1   2
0.3 0.5 0.8
```

18.6 분석과 해석: 예 2

예 1에서는 독립변수가 이산형인 treat(placebo vs test)였으나 예 2는 연속형인 dose이다.

```
> out = glm(response~dose,weights=count,family=binomial,data=toxic)
> summary(out)
```

```
Call:
glm(formula = response ~ dose, family = binomial, data = toxic,
    weights = count)

Deviance Residuals:
     1       2       3       4       5       6
-2.144   2.764  -2.787   2.482  -2.461   1.994

Coefficients:
            Estimate Std. Error z value Pr(>|z|)
(Intercept)  -0.9446     0.6360  -1.485   0.1375
dose          1.1051     0.5186   2.131   0.0331 *
---
Signif. codes:  0 '***' 0.001 '**' 0.01 '*' 0.05 '.' 0.1 ' ' 1

(Dispersion parameter for binomial family taken to be 1)

    Null deviance: 41.455  on 5  degrees of freedom
Residual deviance: 36.196  on 4  degrees of freedom
AIC: 40.196

Number of Fisher Scoring iterations: 4
```

logistic regression 모형은 다음과 같고

$$\log \frac{p}{1-p} = -0.9446 + 1.1051\, x$$

죽을 확률을 표현하면 다음과 같다.

$$p = \frac{e^{-0.9446+1.1051\, x}}{1 + e^{-0.9446+1.1051\, x}}$$

β=1.1051이므로, dose가 1 증가할 때 쥐가 죽을 odds는 $e^{1.1051}$=3.019526배 증가한다고 해석한다.

이 odds ratio의 95% 신뢰구간은 다음과 같이 구한다. 여기서는 178쪽과는 달리 parm=에 독립변수 이름을 지정하여 그 독립변수에 해당하는 odds ratio의 신뢰구간만을 구하였다.

```
> exp(confint(out, parm="dose"))
Waiting for profiling to be done...
   2.5 %   97.5 %
1.165956 9.338941
```

18.7 예 3

미국 플로리더 주에서 수집된 인종차별에 대한 데이터로 희생자의 인종(victim)과 피고의 인종(defendant)이 사형 판결(death)에 영향을 주는지 조사한 자료이다.

```
> death.penalty = read.csv("death_penalty.csv")
> death.penalty
  victim defendant death count
1  White     White   yes    19
2  White     White    no   132
3  White     Black   yes    11
4  White     Black    no    52
5  Black     White   yes     0
6  Black     White    no     9
7  Black     Black   yes     6
8  Black     Black    no    97
```

피고가 흑인인 경우 사형 판결을 받을 확률이 높은지 알아보기 위해 defendant와 death를 가지고 2×2 테이블을 만들어보자.

```
> defendant = xtabs(count~defendant+death,data=death.penalty)
> defendant
         death
defendant  no yes
    Black 149  17
    White 141  19
```

odds ratio는 $\frac{149\times19}{17\times141}$=1.181이다. 테이블에서 death는 "no", "yes"의 순서이고, defendant는 "Black", "White"'의 순서로 나열되어 있다. p를 "yes"일 확률로 보았을때, odds ratio=1.181는 "yes"와 같은 방향에 있는 "White"의 "Black"에 대한 odds ratio이다.

χ^2-test 결과를 보면 p-value는 **0.7689**로 유의하지 않다.

```
> chisq.test(defendant)

        Pearson's Chi-squared test with Yates' continuity correction

data:  defendant
X-squared = 0.0863, df = 1, p-value = 0.7689
```

다음은 피해자의 인종이 사형 판결에 중요한 요인인지 알아보는 분석이다.

```
> victim = xtabs(count~victim+death,data=death.penalty)
> victim
       death
victim   no yes
  Black 106   6
  White 184  30
```

odds ratio는 $\frac{106\times30}{6\times184}$=2.88로 백인이 피해자인 경우 흑인이 피해자인 경우보다 사형 판결을 받을 odds가 3배 가까이 높음을 알 수 있다.

χ^2-test 결과 p-value는 **0.029**로 유의하다.

```
> chisq.test(victim)

        Pearson's Chi-squared test with Yates' continuity correction

data:  victim
X-squared = 4.7678, df = 1, p-value = 0.029
```

18.8 분석과 해석: 예 3

함수 `glm()`을 이용하여 Logistic regression을 적합시켜보자. 모형은 두 주요인 `victim`, `defendent`와 interaction인 "`victim*defendent`"를 포함한 "`victim + defendant + victim*defendant`"인데 interaction인 "`victim*defendent`"만 써도 주요인들이 자동으로 포함된다.

```
> out1=glm(death~victim*defendant,weights=count,family=binomial,data=death.penalty)
> summary(out1)

Call:
glm(formula = death ~ victim * defendant, family = binomial,
    data = death.penalty, weights = count)

Deviance Residuals:
         1           2           3           4           5           6
 8.8751311  -5.9583697   6.1963915  -4.4672883   0.0000000  -0.0008521
         7           8
 5.8408590  -3.4122564

Coefficients:
                           Estimate Std. Error z value Pr(>|z|)
(Intercept)                 -2.7830     0.4207  -6.615 3.71e-11 ***
victimWhite                  1.2296     0.5358   2.295   0.0217 *
defendantWhite             -14.2430  1006.6075  -0.014   0.9887
victimWhite:defendantWhite  13.8579  1006.6076   0.014   0.9890
---
Signif. codes:  0 '***' 0.001 '**' 0.01 '*' 0.05 '.' 0.1 ' ' 1

(Dispersion parameter for binomial family taken to be 1)

    Null deviance: 226.51  on 6  degrees of freedom
Residual deviance: 218.38  on 3  degrees of freedom
AIC: 226.38

Number of Fisher Scoring iterations: 14
```

`victim`만 p-value=`0.0217`로 유의하므로 `victim`만 모형에 넣어보자.

```
> out2 = glm(death~victim,weights=count,family=binomial,data=death.penalty)
> summary(out2)
```

```
Call:
glm(formula = death ~ victim, family = binomial, data = death.penalty,
    weights = count)

Deviance Residuals:
      1        2        3        4        5        6        7        8
 8.6407  -6.3146   6.5746  -3.9634   0.0000  -0.9955   5.9263  -3.2683

Coefficients:
            Estimate Std. Error z value Pr(>|z|)
(Intercept)  -2.8717     0.4196  -6.843 7.75e-12 ***
victimWhite   1.0579     0.4635   2.282   0.0225 *
---
Signif. codes:  0 '***' 0.001 '**' 0.01 '*' 0.05 '.' 0.1 ' ' 1

(Dispersion parameter for binomial family taken to be 1)

    Null deviance: 226.51  on 6  degrees of freedom
Residual deviance: 220.26  on 5  degrees of freedom
AIC: 224.26

Number of Fisher Scoring iterations: 5
```

두 모형을 anova()로 비교해보면 큰 모형에서 제거된 defendant와 victim*defendant는 p-value=**0.3903**으로 유의하지 않으므로 이들이 제거된 두 번째 모형이 정당성을 가짐을 보여준다. glm()의 경우 anova()를 사용할 때 test="Chisq"를 지정해줘야 함을 기억하기 바란다.

anova(작은 모형, 큰 모형, test="Chisq")

```
> anova(out2,out1,test="Chisq")
Analysis of Deviance Table

Model 1: death ~ victim
Model 2: death ~ victim * defendant
```

```
  Resid. Df Resid. Dev Df Deviance P(>|Chi|)
1         5     220.26
2         3     218.38  2   1.8819    0.3903
```

victim만 포함된 모형에서 추정된 odds ratio는 $e^{1.0579} = 2.88$이고 95% 신뢰구간은 (1.239661, 7.871553)이다.

```
> exp(confint(out2,parm="victimWhite"))
Waiting for profiling to be done...
   2.5 %   97.5 %
1.239661 7.871553
```

18.9 예 4

11.5절에서 사용한 birthwt를 이용하자. 11.5절에서는 연속형 변수인 bwt를 종속변수로 사용하였다. 이번에는 binary 변수인 low를 종속변수로 사용하여 logistic regression을 적용해보자. low는 bwt가 2.5kg보다 작으면 1, 크거나 같으면 0으로 코딩되어 있다.

$$\text{low} = \begin{cases} 1, & \text{bwt} < 2.5\,\text{kg} \\ 0, & \text{bwt} \geq 2.5\,\text{kg} \end{cases}$$

18.10 분석과 해석: 예 4

low를 종속변수, 11.5절 최종 모형에서 유의했던 변수들을 독립변수로 logistic regression을 실행한 결과이다. 11.5절의 최종 모형과 마찬가지로 모든 독립변수가 유의하다.

```
> library(MASS)
> out = glm(low ~ lwt+factor(race)+smoke+ht+ui,data=birthwt,family=binomial)
> summary(out)

Call:
glm(formula = low ~ lwt + factor(race) + smoke + ht + ui, family = binomial,
    data = birthwt)
```

```
Deviance Residuals:
    Min       1Q   Median       3Q      Max
-1.7396  -0.8322  -0.5359   0.9873   2.1692

Coefficients:
               Estimate Std. Error z value Pr(>|z|)
(Intercept)     0.056276   0.937853   0.060  0.95215
lwt            -0.016732   0.006803  -2.459  0.01392 *
factor(race)2   1.324562   0.521464   2.540  0.01108 *
factor(race)3   0.926197   0.430386   2.152  0.03140 *
smoke           1.035831   0.392558   2.639  0.00832 **
ht              1.871416   0.690902   2.709  0.00676 **
ui              0.904974   0.447553   2.022  0.04317 *
---
Signif. codes:  0 '***' 0.001 '**' 0.01 '*' 0.05 '.' 0.1 ' ' 1

(Dispersion parameter for binomial family taken to be 1)

    Null deviance: 234.67  on 188  degrees of freedom
Residual deviance: 204.22  on 182  degrees of freedom
AIC: 218.22

Number of Fisher Scoring iterations: 4
```

odds ratio를 구해보자.

```
> exp(coef(out))
  (Intercept)           lwt factor(race)2 factor(race)3         smoke
    1.0578897     0.9834068     3.7605373     2.5248886     2.8174471
           ht            ui
    6.4974921     2.4718677
```

다음 표는 신생아 저체중의 각 위험 요인에 대한 odds ratio이다. 산모의 흡연(`smoke`)은 저체중의 odds를 2.8174471배 높이고, 산모의 몸무게(`lwt`)가 1 증가하면 신생아 저체중의 odds는 0.9834068배 증가, 즉 1.016873(=1/0.9834068)배 감소함을 알 수 있다.

위험 요인		odds ratio
lwt	mother's weight	0.9834068
factor(race)2	black(2) - white(1)	3.7605373
factor(race)3	other(3) - white(1)	2.5248886
smoke	mother's smoke	2.8174471
ht	hypertension	6.4974921
ui	uterine irritability	2.4718677

18.11 참고

LD50(Lethal Dose, 50%)

독성학에서 LD50는 50%의 개체를 죽이는 화학물질의 dose이다. 즉 아래 수식에서 p=0.5를 만족시키는 dose이다.

$$\log \frac{p}{1-p} = \beta_0 + \beta_1 \cdot \text{dose}$$

위의 식에서 p=0.5이면

$$\log \frac{p}{1-p} = \log \frac{0.5}{1-0.5} = 0$$

즉 LD50는 아래와 같이 구한다.

$$0 = \beta_0 + \beta_1 \cdot \text{LD50}$$
$$\text{LD50} = -\frac{\beta_0}{\beta_1}$$

18.6절에서 추정된 logistic 모형이 아래와 같으므로

$$\log \frac{p}{1-p} = -0.9446 + 1.1051 \cdot \text{dose}$$

LD50는 $-\frac{-0.9446}{1.1051} = 0.85476$이다.

Probit Regression

`family=binomial`옆에 `(link="Probit")`을 지정하면 Logistic Regression대신 Probit Regression을 이용할 수 있다.

```
> summary(glm(response~dose,weights=count,family=binomial(link="probit"),
```

18.12 R 결과물에서 통계치 추출 *

앞에서 소개되었듯이 `respire`는 요약된 자료이고, `respire2`는 요약되지 않은 자료이다. 두 데이터에서 동일한 적합된 모형을 얻지만 데이터 구조의 차이 때문에 추정치, 잔차 등은 다르다. `respire`로 적합한 결과를 `out1`, `respire2`로 적합한 결과를 `out2`로 저장하자.

```
> out1 = glm(outcome ~ treat, family=binomial, weights=count, data=respire)
> out2 = glm(outcome ~ treat, family=binomial,data=respire2)
```

`glm()`에서 저장된 결과물을 살펴보자.

```
> names(out1)
 [1] "coefficients"      "residuals"         "fitted.values"
 [4] "effects"           "R"                 "rank"
 [7] "qr"                "family"            "linear.predictors"
[10] "deviance"          "aic"               "null.deviance"
[13] "iter"              "weights"           "prior.weights"
[16] "df.residual"       "df.null"           "y"
[19] "converged"         "boundary"          "model"
[22] "call"              "formula"           "terms"
[25] "data"              "offset"            "control"
[28] "method"            "contrasts"         "xlevels"
```

회귀계수

coef()로 추정된 회귀계수를 이용하여 log-odds, odds, p를 추정할 수 있다.

```
> B = coef(out1)
> B
(Intercept)   treattest
  -1.098612    1.791759
```

respire$treat=="test"은 식 (18.4)에서의 x와 같이 test이면 1, placebo이면 0으로 지정된다. 그러므로 log-odds 즉 $\log \frac{p}{1-p}$는 다음과 같이 $\beta_0 + \beta_1 x$ 이다.

```
> B[1]+B[2]*(respire$treat=="test")
[1] -1.0986123 -1.0986123  0.6931472  0.6931472
```

odds 즉 $\frac{p}{1-p}$는 식 (18.5)와 같이 log-odds를 exp()로 변환시켜 구한다.

```
> exp(B[1]+B[2]*(respire$treat=="test"))
[1] 0.3333333 0.3333333 2.0000000 2.0000000
```

Pr(Y=1)의 추정치 p는 식 (18.6)에서 구한다.

```
> exp(B[1]+B[2]*(respire$treat=="test"))/(1+exp(B[1]+B[2]*(respire$treat=="test")))
[1] 0.2500000 0.2500000 0.6666667 0.6666667
```

Pr(Y=1)의 추정치 p

Pr(Y=1)의 추정치 p는 fitted()를 이용하여 쉽게 얻는다. out1을 이용한 p는 아래와 같다.

```
> fitted(out1)
        1         2         3         4
0.2500000 0.2500000 0.6666667 0.6666667
```

out2를 대신 넣으면 아래와 같이 124개의 모든 p를 출력한다.

```
> fitted(out2)
        1         2         3         4         5         6         7
0.2500000 0.2500000 0.2500000 0.2500000 0.2500000 0.2500000 0.2500000
        8         9        10        11        12        13        14
0.2500000 0.2500000 0.2500000 0.2500000 0.2500000 0.2500000 0.2500000
        .
        .
      120       121       122       123       124
0.6666667 0.6666667 0.6666667 0.6666667 0.6666667
```

unique()를 이용하면 중복되지 않은 p을 얻는다.

```
> p=unique(fitted(out1))
> p
[1] 0.2500000 0.6666667
```

p로부터 odds와

```
> p/(1-p)
[1] 0.3333333 2.0000000
```

log-odds를 구할 수 있다.

```
> log(p/(1-p))
[1] -1.0986123  0.6931472
```

18.13 Simulation *

respire: 요약된 자료

out1을 이용하여 respire와 같이 요약된 자료를 시뮬레이션해보자. 각 treat의 도수합이 필요하다.

```
> total = with(respire, tapply(count,treat,sum))
> total
placebo    test
     64      60
```

아래와 같이 rbinom()을 이용하여 이항분포로부터 각 treat의 outcome=1인 count를 시뮬레이션한다. 각 treat의 합인 total을 size에 넣고, 각 treat의 Pr(outcome=1)을 p에 넣는다.

```
> rbinom(n=length(total),size=total,p=unique(fitted(out1)))
[1] 12 39
```

위의 데이터는 아래의 table과 동일하다.

	outcome		
treat	0	1	total
placebo	52	**12**	64
test	21	**39**	60

respire2: 요약되지 않은 자료

요약되지 않은 경우에 시뮬레이션은 간단하다. 124명 각각의 outcome이 0인지 1인지 시뮬레이션하는 것이므로 size=1이다.

```
> rbinom(n=nrow(respire2), size=1, p=fitted(out2))
  [1] 0 0 0 0 1 0 0 0 0 0 0 0 0 1 0 1 0 0 0 0 0 0 0 0 0 1 0 1 1 0 0 0 0 0 0
 [36] 1 0 0 1 1 0 0 0 0 0 0 0 0 0 1 0 0 0 0 0 0 0 1 0 1 1 0 0 0 1 0 1 1 1 1
 [71] 1 0 1 0 1 1 1 1 1 0 0 1 1 1 1 0 1 1 1 0 1 0 1 1 1 1 1 1 1 1 0 1 1 1 1
[106] 1 1 1 1 1 0 1 0 1 1 0 0 1 1 0 0 0 0 0
```

toxic

toxic을 시뮬레이션해보자.

```
> out = glm(response~dose, weights=count, family=binomial, data=toxic)
> total = with(toxic, tapply(count,dose,sum))
```

각 dose별로 p는 아래와 같다.

```
> p = unique(fitted(out))
> p
[1] 0.2799807 0.5400386 0.7799807
```

아래와 같이 이항분포로부터 각 dose별로 죽은 쥐의 수를 시뮬레이션할 수 있다.

```
> rbinom(3,total,p)
[1] 1 5 8
```

(1, 5, 8)이 나왔으므로 시뮬레이션된 데이터는 아래와 같다.

dose	response
0	1/10
1	5/10
2	8/10

18.14 연습

18.10절에서 모형선택(model selection) 과정을 생략하고 11.5절에서 얻은 최종 모형의 독립변수들을 그대로 사용하였다. 185쪽에 있는 anova()사용법을 참조하여 backward elimination으로 model selection을 해보아라.

제 19 장

Poisson Regression

19.1 소개

우리나라의 암으로 인한 사망률이 인구 10만 명당 161명이라고 한다. 사망률, 교통사고률, 자살률 등은 인구 천 명당, 만 명당, 10만 명당 몇 명이라는 비율로 나타내는데, 이렇게 발생률이 낮은 비율이나 도수가 종속변수인 경우 Poisson regression을 사용하여 모형화한다.

19.2 이해

도수의 모형화

Poisson regression은 도수의 기대값을 아래와 같이 모형화한다.

$$\log \mu = \beta_0 + \beta_1 x_1 + \beta_2 x_2 + \cdots + \beta_k x_k \tag{19.1}$$

비율의 모형화

역학(epidemiology)에서 "2010년 1,000명당 위암 발생 환자수가 3.2명이었다"와 같이 일정 기간 동안 단위 인구당 새로 발생한 개체수를 사용하는 경우가 많다. 이런 비율인 경우는 아래의 모형을 사용한다. 이 경우 총 인구수인 N을 알아야 한다.

$$\log \frac{\mu}{N} = \beta_0 + \beta_1 x_1 + \beta_2 x_2 + \cdots + \beta_k x_k \tag{19.2}$$

식 (19.1)과 (19.2)에서 μ가 log-함수를 매개로 x_i들의 선형으로 표현되므로 Poisson regression을 log-link를 가지는 generalized linear models라고 한다.

19.3 예 1: log-linear models

log-linear 모형은 Poisson regression의 특수한 형태로 보통 테이블을 모형화할 때 사용한다. `bicycle.csv`를 이용해보자. 이 데이터는 자전거의 종류(`type`)와 안전모 착용 여부 (`helmet`)의 연관성을 조사한 자료이다.

	helmet		
type	no	yes	합
Mountain	12	34	46
Other	24	10	34
합	36	44	80

`bicycle.csv`를 읽어 `bike`라는 table을 만들자.

```
> bicycle=read.csv("bicycle.csv")
> bicycle
      type helmet count
1 Mountain    yes    34
2 Mountain     no    12
3    Other    yes    10
4    Other     no    24
> bike = xtabs(count~type+helmet,data=bicycle)
> bike
          helmet
type        no yes
  Mountain 12  34
  Other    24  10
```

χ^2-test를 해보면 p-value=**0.0001932**로 `type`과 `helmet` 간에 유의한 연관성이 있다고 나온다.

```
> chisq.test(bike)

        Pearson's Chi-squared test with Yates' continuity correction

data:  bike
X-squared = 13.8965, df = 1, p-value = 0.0001932
```

19.4 분석과 해석: 예 1

Poisson regression은 Logistic regression과 마찬가지로 glm()을 이용한다. **family = poisson**을 사용함에 주목하기 바란다.

glm(count ~ 독립변수들, family=poisson)

count를 종속변수로 사용하였고, type*helmet은 type + helmet + type*helmet과 동일하다.

```
> summary(glm(count~type*helmet,family=poisson,data=bicycle))

Call:
glm(formula = count ~ type * helmet, family = poisson, data = bicycle)

Deviance Residuals:
[1]  0  0  0  0

Coefficients:
                    Estimate Std. Error z value Pr(>|z|)
(Intercept)           2.4849     0.2887   8.608  < 2e-16 ***
typeOther             0.6931     0.3536   1.961 0.049935 *
helmetyes             1.0415     0.3358   3.102 0.001925 **
typeOther:helmetyes  -1.9169     0.5044  -3.800 0.000144 ***
---
Signif. codes:  0 '***' 0.001 '**' 0.01 '*' 0.05 '.' 0.1 ' ' 1
```

```
(Dispersion parameter for poisson family taken to be 1)

    Null deviance:  1.8711e+01  on 3  degrees of freedom
Residual deviance: -1.7764e-15  on 0  degrees of freedom
AIC: 26.886

Number of Fisher Scoring iterations: 3
```

여기서 중요한 것은 type과 helmet의 interaction이다. interaction이 유의하면 두 변수가 연관성이 있다고 보고, 유의하지 않으면 독립적이라는 결론을 내린다.

interaction의 p-value=**0.000144**이므로 type과 helmet 간에 유의한 연관성이 있다는 결론을 내린다. 이 결과는 χ^2-test 결과(p-value=0.0001932)와 거의 동일하다.

19.5 예 2

다음은 피부암 데이터이다. total은 각 지역(region)과 나이(age) 그룹의 총 인구수이고, cases는 피부암 발생수이다.

```
> melanoma = read.csv("melanoma.csv")
> melanoma
     age region cases   total
1  35-44  south    75  220407
2  45-54  south    68  198119
3  55-64  south    63  134084
4  65-74  south    45   70708
5    75+  south    27   34233
6    <35  south    64 1074246
7  35-44  north    76  564535
8  45-54  north    98  592983
9  55-64  north   104  450740
10 65-74  north    63  270908
11   75+  north    80  161850
12   <35  north    61 2880262
```

tapply()를 이용하여 각 age 그룹의 피부암 발생 비율을 알 수 있다. 숫자가 너무 작으므로 10,000을 곱하여 인구 10,000명당 피부암 발생 비율이 얼마인가 나타낸다. 피부암 발생 비율이 나이에 정비례함을 알 수 있다.

```
> 10000*with(melanoma,tapply(cases,age,sum)/tapply(total,age,sum))
      <35     35-44     45-54     55-64     65-74       75+
0.3160949 1.9237090 2.0983388 2.8555600 3.1614444 5.4568729
```

같은 방식으로 각 region의 인구 10,000당 피부암 발생 비율을 구한다. south의 발생 비율이 north보다 높음을 알 수 있다.

```
> 10000*with(melanoma,tapply(cases,region,sum)/tapply(total,region,sum))
    north     south
0.9794204 1.9748273
```

19.6 분석과 해석: 예 2

피부암 발생수인 cases를 종속변수로 사용한다. 그러나 총 인구수(total)로 나눈 발생 비율이 관심의 대상인 경우 glm()에 **offset**을 추가한다.

```
glm(cases ~ 독립변수들, family=poisson, offset=log(total))
```

offset은 식 (19.2)의 경우와 같이 총 인구수 N의 정보가 있는 경우 $\log(N)$이고 모형이 식 (19.1)인 경우 offset은 필요 없다. 예 2의 경우 total이 각 (age, region)조합의 총 인구수이므로 offset이 필요하다. offset이 $\log(N)$인 이유는 아래 식과 같이 log의 분모에 있으므로 $\log\mu$에서 빼주게 되는 값이기 때문이다.

$$\log\frac{\mu}{N} = \log\mu - \log N$$

age와 region을 모형에 넣었다.

```
> summary(glm(cases~age+region,family=poisson,offset=log(total),data=melanoma))

Call:
glm(formula = cases ~ age + region, family = poisson, data = melanoma,
```

```
    offset = log(total))

Deviance Residuals:
      1        2        3        4        5        6        7        8
 0.4780  -0.4273  -0.5302   0.7469  -1.3609   0.8686  -0.4581   0.3667
      9       10       11       12
 0.4279  -0.5932   0.8904  -0.8283

Coefficients:
             Estimate Std. Error z value Pr(>|z|)
(Intercept) -10.65831    0.09518 -111.97   <2e-16 ***
age35-44      1.79737    0.12093   14.86   <2e-16 ***
age45-54      1.91309    0.11844   16.15   <2e-16 ***
age55-64      2.24180    0.11834   18.94   <2e-16 ***
age65-74      2.36572    0.13152   17.99   <2e-16 ***
age75+        2.94468    0.13205   22.30   <2e-16 ***
regionsouth   0.81948    0.07103   11.54   <2e-16 ***
---

(Dispersion parameter for poisson family taken to be 1)

    Null deviance: 895.8197  on 11  degrees of freedom
Residual deviance:   6.2149  on  5  degrees of freedom
AIC: 92.44

Number of Fisher Scoring iterations: 4
```

reference인 `age`="<35"와 비교된 모든 age 그룹이 유의하게 나왔고, `region`(south-north)도 유의하다. 만약 reference를 바꾸어야 한다면 15.4절에서와 같이 `relevel()`을 이용하여 바꿔준다.

19.7 Logistic Regression vs. Log-linear Models

table을 분석할 때 logistic regression을 사용하는 경우도 있고 log-linear models를 사용하는 경우도 있다. 두 접근 방법의 차이를 살펴보자.

Logistic Regression

데이터 respire는 placebo에서 총 64명을, test에서 총 60명을 뽑아서 outcome이 0인지 1인지 관찰한 것으로 행의 합 64, 60이 고정된 값이다. 두 그룹의 outcome이 1일 확률이 같은지 다른지가 관심의 대상이다. 이 경우 종속변수는 outcome으로 치료 종류(treat)가 병의 outcome에 어떤 영향을 미치는지 알아보는 것이 목적이다.

	outcome		
treat	0	1	합
placebo	48	16	64
test	20	40	60

Log-linear Models

데이터 bicycle은 열의 합이나 행의 합이 고정된 값이 아니라 총합 80이 고정된 값으로, 80명을 관찰하여 자전거 종류(type)와 안전모 착용 여부(helmet)의 연관성을 보는 것이 관심의 대상이다. 이 경우 두 변수 type, helmet 중 어느 변수가 종속변수이고 어떤 변수가 설명변수라고 말할 수 없다.

	helmet		
type	yes	no	합
Mountain	12	34	46
Other	24	10	34
합	36	44	80

19.8 Simulation *

Poisson regression 결과로부터 cases의 기대값을 다음과 같이 구한다.

```
> out = glm(cases~age+region, family=poisson, offset=log(total), data=melanoma)
> mu = fitted(out)
> mu
        1         2         3         4         5         6         7         8         9
```

```
70.93624 71.58505 67.30264 40.17374 34.70209 57.30025 80.06376 94.41495 99.69736
      10       11       12
67.82626 72.29791 67.69975
```

모형에서 추정된 기대값 mu를 이용하여 Poisson-분포에서 사망자 수를 시뮬레이션할 수 있다.

```
> rpois(n=length(mu), mu)
 [1] 60 74 70 35 37 52 88 88 94 53 72 75
```

시뮬레이션된 사망자 수를 melanoma의 첫 번째, 두 번째 행과 결합하려면 아래와 같이 cbind()를 이용한다.

```
> cbind(melanoma[,c(1,2)], cases=rpois(12,mu))
     age region cases
1  35-44  south    60
2  45-54  south    74
3  55-64  south    70
4  65-74  south    35
5    75+  south    37
6    <35  south    52
7  35-44  north    88
8  45-54  north    88
9  55-64  north    94
10 65-74  north    53
11   75+  north    72
12   <35  north    75
```

제 20 장

비선형 회귀분석(Nonlinear Regression)

이 장에서는 Pharmacokinetics에 쓰이는 모형을 예로 사용하겠다. Pharmacokinetics는 약물의 흡수, 분배, 소화, 배출을 연구하는 약학의 한 분야로 여기서 얻어지는 데이터는 주로 약물 복용 후 시간에 따른 약의 혈중농도 변화이다. 이 두 변수는 보통 nonlinear 형태를 보인다. 과거에는 두 변수를 선형으로 변환시켜 분석했으나, 최근에는 nonlinear regression을 사용한다.

20.1 One-compartment Model: IV Dose

10.5 절에서 소개된 one_comp.csv는 50mg의 약을 정맥으로 투여한 후 경과 시간(time)에 따른 혈중농도(conc)를 측정한 데이터로 혈중농도가 지수적으로 감소하는 One-compartment model을 따른다. 정맥으로 약이 투여되는 경우 약의 농도가 정맥에서 측정되므로 투여 직후에 절정을 이룬다.

10.5 절에서는 log-변환으로 정규분포를 따르는 log-normal 분포를 가정했으나, 여기서는 데이터가 Nonlinear 함수 형태를 가지고 변환없이 정규분포를 따른다고 가정한다.

약을 투여하자마자 측정한 혈중농도가 최대치인 C_0이고 시간이 지남에 따라 땀, 소변 등으로 배출되고 간에 의해서 분해되어 지수적으로 혈중농도가 떨어진다. C_t는 시간 t에서의 혈중농도이고 K는 elimination rate라고 부른다.

$$C_t = C_0 \exp(-K\,t) \tag{20.1}$$

	time (hour)	conc (mg/L)
1	0.25	36.70
2	0.50	28.30
3	0.80	25.00
4	1.10	21.10
5	1.75	14.80
6	2.00	10.40
7	3.00	6.07
8	4.00	3.01
9	5.00	1.81

`nls()`가 nonlinear least square를 위한 함수이다. nonlinear regression은 초기값이 필요하다. 초기값에 상당히 민감하므로 가능한 추정될 값에 근접한 초기값을 `start`에 지정해주어야 한다. 초기값의 추정이 nonlinear regression의 가장 어려운 부분중 하나인데 이 모형은 log-변환으로 선형이 되므로 101쪽 식 (10.5)에서와 같이 회귀분석에서 얻은 값을 exp로 변형하여 초기값으로 사용한다.

`nls()`에는 함수식과 초기값들을 지정해주어야 한다.

`nls(y ~ 함수식, start=list(초기값들))`

```
> one.comp = read.csv("one_comp.csv")
> one = nls(conc~C0*exp(-K*time),start=list(C0=41.3,K=0.64),data=one.comp)
> summary(one)

Formula: conc ~ C0 * exp(-K * time)

Parameters:
   Estimate Std. Error t value Pr(>|t|)
C0 41.76511    1.20688   34.61 4.36e-09 ***
K   0.64500    0.03236   19.93 2.00e-07 ***
---

Residual standard error: 1.094 on 7 degrees of freedom
```

그림 20.1: One-compartment model

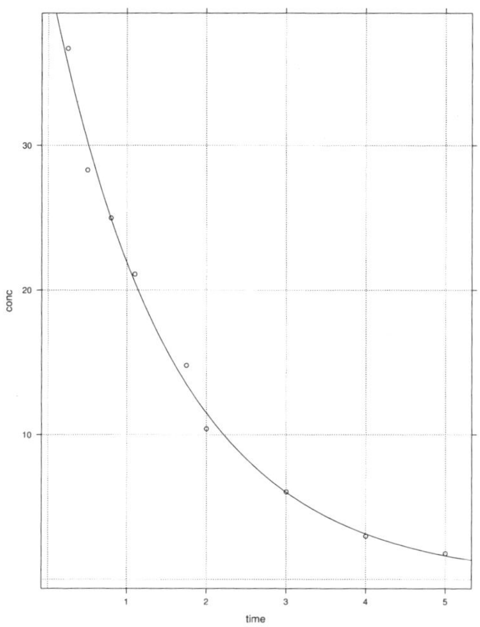

그림 20.2: Two-compartment model

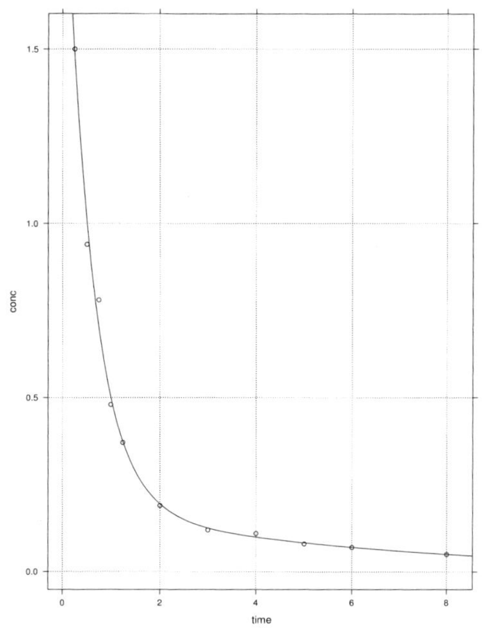


```
Number of iterations to convergence: 2
Achieved convergence tolerance: 2.826e-07
```

추정된 식은 101쪽에서 log-변환 후 선형회귀분석으로 추정된 식(10.5)과 조금 차이가 있다.

$$C_t = 41.76511 \exp(\quad 0.645\, t)$$

NRAIA Library에 있는 plotfit()은 산포도와 nls()로 추정된 곡선을 같이 그려준다. 아래 명령어로 "NRAIA"를 설치하여 그림 20.1을 얻을 수 있다.

```
> install.packages("NRAIA", repos="http://R-Forge.R-project.org")
> library(NRAIA)
> plotfit(one)
```

보통의 경우 "install.packages("NRAIA")"로 설치하지만 NRAIA는 오래된 패키지여서 위치를 지정해주어야한다.

20.2 Two-compartment Model

데이터 two_comp.csv는 정맥에 주입한 Indomethacin의 시간(time: hour)에 따른 혈중 농도(conc: ng/ml)의 변화이다. 이 데이터는 One-compartment model보다 약의 농도가 더 가파르게 감소하는 Two-compartment model을 따른다. 농도의 감소 속도가 더 가파른 Three-compartment, Four-compartment 등이 있으나 이 책에서는 소개하지 않는다.

```
> two.comp = read.csv("two_comp.csv")
> two.comp
   time conc
1  0.25 1.50
2  0.50 0.94
3  0.75 0.78
4  1.00 0.48
5  1.25 0.37
6  2.00 0.19
7  3.00 0.12
8  4.00 0.11
9  5.00 0.08
10 6.00 0.07
11 8.00 0.05
```

Two-compartment model(그림 20.2)은 One-compartment model(그림 20.1)에 지수항이 하나 더 추가되어 초기에 농도가 더 가파르게 감소한다.

$$C_t = A_1 \exp\left(-\beta_1\, t\right) + A_2 \exp\left(-\beta_2\, t\right) \tag{20.2}$$

Nonlinear 모형에서는 정확한 초기값의 사용이 모형추정에 지대한 영향을 준다. R에서 제공하는 SSbiexp()는 Two-compartment 모형의 함수식 (20.2)은 물론 적절한 초기값 추정 방법도 들어 있어 모형추정을 용이하게 해준다.

식 (20.2)에서 β_1과 β_2는 이론상 0보다 큰 값을 가져야 한다. 그러나 초기값에 따라 β_1이나 β_2의 추정값들이 0보다 작은 방향으로 발산해버리는 경우도 있다. SSbiexp()는 β_1, β_2 대신 $\beta_i = e^{\mathrm{lrc}_i}$의 형태로 변형시켜 lrc1, lrc2를 모수로 사용하여 β값들이 0보다 작은 값으로 가는 걸 애초에 방지한다. 즉 SSbiexp()는 식 (20.2) 대신 다음 모형을 이용한다.

$$C_t = A_1 \exp\left(-e^{\mathrm{lrc}_1}\, t\right) + A_2 \exp\left(-e^{\mathrm{lrc}_2}\, t\right)$$

모형추정은 nls()에 SSbiexp()를 이용한 함수를 초기값 없이 넣어주면 된다.

```
> two = nls(conc~SSbiexp(time,A1,lrcl,A2,lrc2),data=two.comp)
> summary(two)

Formula: conc ~ SSbiexp(time, A1, lrcl, A2, lrc2)

Parameters:
     Estimate Std. Error t value Pr(>|t|)
A1     2.0293     0.1099  18.464 3.39e-07 ***
lrcl   0.5794     0.1247   4.648  0.00235 **
A2     0.1915     0.1106   1.731  0.12698
lrc2  -1.7878     0.7871  -2.271  0.05737 .
---

Residual standard error: 0.04103 on 7 degrees of freedom

Number of iterations to convergence: 0
Achieved convergence tolerance: 4.21e-06
```

$\beta_i = e^{\mathrm{lrc}_1}$이므로

$$\begin{aligned}\beta_1 &= e^{\mathrm{lrc}_1} = e^{0.5794} &= 1.7849469\\ \beta_2 &= e^{\mathrm{lrc}_2} = e^{-1.7878} &= 0.1673304\end{aligned}$$

nls()로 추정된 방정식은 다음과 같다.

$$C_t = 2.0293 \exp\left(-1.7850\, t\right) + 0.1915 \exp\left(-0.1673\, t\right)$$

그림 20.2는 plotfit()을 이용하여 그린다.

```
> plotfit(two)
```

20.3 One-compartment Model: Oral Dose

oral_dose.csv는 320mg의 Theophylline를 구강복용한 후 혈중농도(conc: mg/L)를 시간(time: hour)별로 기록한 데이터이다.

```
> oral.dose = read.csv("oral_dose.csv")
> oral.dose
    time conc
1   0.00 0.00
2   0.27 1.72
3   0.52 7.91
4   1.00 8.31
5   1.92 8.33
6   3.50 6.85
7   5.02 6.08
8   7.03 5.40
9   9.00 4.55
10 12.00 3.01
11 24.30 0.90
```

구강복용 후 약이 소장에서 흡수되어 간을 거쳐 혈중농도가 측정되는 정맥으로 이동하므로 약 복용 직후의 혈중농도는 0이고 흡수됨에 따라 가파르게 증가하다가 어느 순간에 정점을 이룬 후 서서히 감소한다 (그림 20.3). 모형은 아래와 같이 복잡하지만 복용약의 양인 D는 고정된 값으로 (V,k_a,k_e) 또는 (Cl,k_a,k_e) 세 개의 모수를 가진 모형이다.

$$
\begin{aligned}
C_t &= \frac{D\,k_a}{V(k_a - k_e)}\{\exp(-k_e t) - \exp(-k_a t)\} \\
&= \frac{D\,k_a\,k_e}{\mathrm{Cl}(k_a - k_e)}\{\exp(-k_e t) - \exp(-k_a t)\} \qquad (20.3)
\end{aligned}
$$

R에서 이 모형을 위하여 초기값이 필요 없는 SSfol()함수를 제공한다. D인 Dose에 알려진 약의 복용량을 지정해준다.

```
> oral=nls(conc~SSfol(Dose=4.4,time,lKe,lKa,lCl),data=oral.dose)
> summary(oral)
```

```
Formula: conc ~ SSfol(Dose = 4.4, time, lKe, lKa, lCl)

Parameters:
    Estimate Std. Error t value Pr(>|t|)
lKe  -2.2861     0.2491  -9.178 1.60e-05 ***
lKa   0.6641     0.2966   2.239   0.0556 .
lCl  -3.1063     0.1643 -18.907 6.33e-08 ***
---
Signif. codes:  0 '***' 0.001 '**' 0.01 '*' 0.05 '.' 0.1 ' ' 1

Residual standard error: 1.058 on 8 degrees of freedom

Number of iterations to convergence: 7
Achieved convergence tolerance: 4.668e-06
```

SSbiexp() 함수와 마찬가지로 SSfol() 함수 역시 Cl, k_a, k_e가 0보다 큰 값을 갖게 하기 위해서 exp 함수로 변형시켰으므로 아래와 같이 변형시켜야 원래 모수의 값을 얻을 수 있다.

$$
\begin{aligned}
k_e &= e^{\mathrm{lKe}} = e^{-2.2861} = 0.10166 \\
k_a &= e^{\mathrm{lKa}} = e^{0.6641} = 1.94266 \\
\mathrm{Cl} &= e^{\mathrm{lCl}} = e^{1.1804} = 3.255676
\end{aligned}
$$

추정된 모형은 아래와 같다.

$$
C_t = \frac{4.4 \times 0.10166 \times 1.94266}{3.255676\,[1.94266 - 0.10166]}\left\{\exp(-0.10166\,t) - \exp(-1.94266\,t)\right\}
$$

plotfit()을 사용하여 그림 20.3을 얻는다. 데이터 oral.dose에서 x-축인 time의 최대값은 24.3이다. 아래와 같이 xlim으로 x-축을 35까지 늘리면 장시적인 추세를 볼 수 있다.

```
> plotfit(oral, xlim=c(0,35))
```

그림 20.3: Oral dose

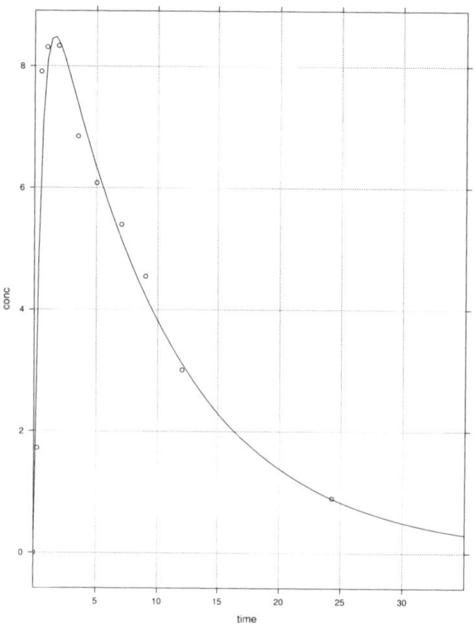

그림 20.4: Michaelis-Menten model

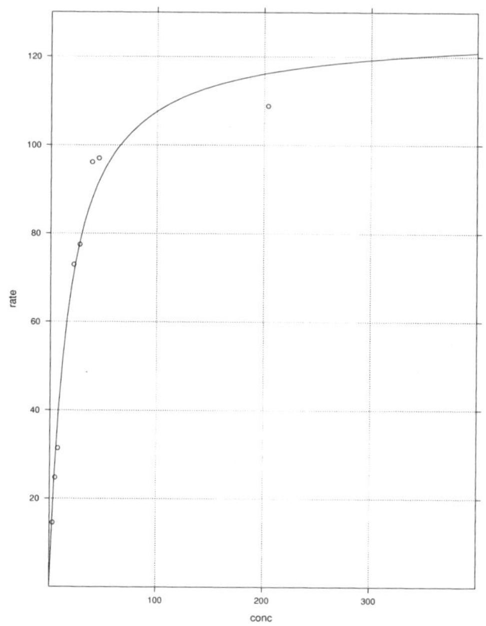

20.4 Michaelis-Menten model

Pharmacodynamics는 약의 혈중농도 변화에 몸이 어떻게 반응하는지 연구한다. 간단하고 가장 많이 쓰이는 모형이 Michaelis-Menten 모형이다.

```
> MM = read.csv("MM.csv")
> MM
        conc      rate
1   2.856829  14.58342
2   5.005303  24.74123
3   7.519473  31.34551
4  22.101664  72.96985
5  27.769976  77.50099
6  39.198025  96.08794
7  45.483269  96.96624
8 203.784238 108.88374
```

Michaelis-Menten model은 다음과 같은 함수 형태를 갖는다. V_m은 ν의 이론상 최대값이고 K는 $\nu = V_m/2$을 만족시키는 농도(conc)이다.

$$\nu = \frac{V_m x}{K + x}$$

초기값이 필요 없는 함수 SSmicmen()를 이용한다.

```
> mm = nls(rate~SSmicmen(conc,Vm,K), data=MM)
> summary(mm)

Formula: rate ~ SSmicmen(conc, Vm, K)

Parameters:
   Estimate Std. Error t value Pr(>|t|)
Vm  126.033      7.173  17.570 2.18e-06 ***
K    17.079      2.953   5.784  0.00117 **
---
Signif. codes:  0 '***' 0.001 '**' 0.01 '*' 0.05 '.' 0.1 ' ' 1

Residual standard error: 6.25 on 6 degrees of freedom

Number of iterations to convergence: 0
Achieved convergence tolerance: 2.489e-06
```

추정된 모형은 아래와 같다.

$$\nu = \frac{126.033\,x}{17.079 + x}$$

plotfit()을 이용하여 그림 20.4를 얻는다. xlim, ylim을 이용하여 x-축, y-축을 늘렸다.

```
> plotfit(mm, ylim=c(0,130), xlim=c(0,400))
```

20.5 참고

Self-Starting Functions

이 장에서 `nls()`로 모형을 추정할 때 초기값을 지정할 필요가 없는 함수(self-starting fuctions), `SSbiexp()`, `SSfol()`, `SSmicmen()`를 소개했다. R version 2.13.1에서 제공하는 self-starting fuction을 모두 나열하면 다음과 같다.

`SSasymp()`	Asymptotic Regression Model
`SSasympOff()`	Asymptotic Regression Model with an Offset
`SSasympOrig()`	Asymptotic Regression Model through the Origin
`SSbiexp()`	Biexponential model
`SSfol()`	First-order Compartment Model
`SSfpl()`	Four-Parameter Logistic Model
`SSgompertz()`	Gompertz Growth Model
`SSlogis()`	Logistic Model
`SSmicmen()`	Michaelis-Menten Model
`SSweibull()`	Weibull Growth Curve Model

20.6 Simulation *

nonlinear regression도 linear regression에서와 마찬가지로 `fitted()`로 구한 $\hat{y}$을 mean으로, `summary(out)$sigma`로 구한 $\hat{\sigma}$를 sd로 하여 `rnorm()`으로 정규분포에서 자료를 시뮬레이션한다. `one.comp`의 `conc`는 다음과 같이 시뮬레이션한다.

```
> out = nls(conc~C0*exp(-K*time), start=list(C0=41.3,K=0.64), data=one.comp)
> rnorm(n=nrow(one.comp),mean=fitted(out),sd=summary(out)$sigma)
[1] 34.224991 30.555412 26.115954 17.977835 13.977755 12.050232  5.403145
[8]  2.566720  1.042932
```

제 21 장

생존분석(Survival Data Analysis)

21.1 소개

절단된 자료란?

항암제 투여 후 환자의 생존기간을 10년 동안 연구한다고 하자. 10년 동안 매월 초 환자에게 연락해서 생존을 확인했는데 5년까지 생존이 확인된 환자가 보고 없이 이사를 가서 연락이 안 된다면 환자의 정확한 생존기간은 알 수 없지만 생존기간이 5년 이상이라는 것을 알 수 있다. 그리고 연구를 정리해야 하는 10년이 지났는데 아직도 살아 있는 환자의 경우도 정확한 생존기간은 알 수 없지만 10년 이상이라는 것을 알 수 있다. 이런 경우 생존시간이 절단되었다고 하는데, 생존분석(Survival analysis)은 이런 절단된 자료들을 버리지 않고 분석에 최대한 이용한다.

생존함수 $S(t)$와 위험함수 $h(t)$

생존함수(survival function) $S(t)$는 t 시점에 살아 있을 확률을, 위험함수(Hazard function) $h(t)$는 $-\frac{dS(t)/dt}{S(t)}$로 정의되어 t 시점에 살아 있지만 아주 짧은 시간 안에 죽을 위험의 정도를 나타낸다.

생존함수 추정에 가장 많이 쓰이는 방법은 Kaplan-Meier가 제안한 방법이고, Log-rank test로 두 생존함수의 차이를 검정한다. Cox regression은 hazard function을 모형화한다.

R에서는 `survival` Library를 사용하여 분석하고, `Surv()`로 생존시간과 절단 정보를 결합하여 종속변수로 이용한다.

Library	survival	
Survival object	Surv(time,status)	종속변수 생성
Kaplan-Meier estimates	survfit()	생존함수 $S(t)$ 추정
Log-rank test	survdiff()	두 생존함수의 차이 검정
Cox regression	coxph()	위험함수 $h(t)$ 추정

21.2 예 1

survival 라이브러리를 불러오고 거기에 내장된 데이터 aml을 이용하자.

```
> library(survival)
> aml
   time status             x
1     9      1    Maintained
2    13      1    Maintained
3    13      0    Maintained
.
.
11  161      0    Maintained
12    5      1 Nonmaintained
13    5      1 Nonmaintained
14    8      1 Nonmaintained
.
.
23   45      1 Nonmaintained
```

개념 설명을 위해 데이터 aml을 attach하자.

```
> attach(aml)
```

time은 백혈병 환자들의 생존시간이다.

```
> time
 [1]   9  13  13  18  23  28  31  34  45  48 161   5   5   8   8  12
[17]  16  23  27  30  33  43  45
```

status는 생존시간이 절단되었는지 여부를 알려준다. 이 데이터에서 status=1은 환자가 연구기간 이내에 사망하여 그 환자의 생존기간 time이 절단되지 않았음을 의미하고, status=0은 그 환자가 더 이상 추적이 안 되거나 아직 살아 있어서 실제 생존시간이 time보다 더 길 가능성이 있음을 의미한다.

```
> status
 [1] 1 1 0 1 1 0 1 1 0 1 0 1 1 1 1 1 0 1 1 1 1 1 1
```

Surv(time, status==1)은 사망한 환자의 status값이 "1"임을 명시하여 생존시간(time)에 절단여부를 추가하는데, 절단되었을 경우 즉 status가 0인 경우 생존시간 time에 "+"를 붙여 실제 생존시간이 이 시간보다 길 수 있음을 암시해준다.

```
> Surv(time, status==1)
 [1]   9   13   13+  18   23   28+  31   34   45+  48  161+   5    5
[14]   8    8   12   16+  23   27   30   33   43   45
```

여기서 소개하는 모든 생존분석은 절단 정보(status)를 생존시간(time)에 추가한 Surv(time, status==1)을 **종속변수**로 사용한다. 형식은 지금까지 사용했던 모형들과 비슷하다.

21.3 분석과 해석: 예 1

Kaplan-Meier Curve

Kaplan-Meier 방법으로 추정된 생존함수는 survfit()으로 얻는다. 일반적으로 y ~ 1은 모형에 y-절편만 넣으라는 명령어지만 여기서는 모든 그룹을 합친 전체 데이터를 사용하라는 의미이다. conf.type="log"가 default 방법이나, Stata와 SAS의 default 방법인 conf.type="log-log"가 보다 일반적이다.

```
> out = survfit(Surv(time,status==1)~1, conf.type="log-log", data=aml)
> summary(out)
Call: survfit(formula = Surv(time, status == 1) ~ 1, data = aml, conf.type =
"log-log")

time n.risk n.event survival std.err lower 95% CI upper 95% CI
 5      23       2   0.9130  0.0588      0.69495        0.978
 8      21       2   0.8261  0.0790      0.60061        0.931
 9      19       1   0.7826  0.0860      0.55421        0.903
```

```
12     18     1  0.7391  0.0916      0.50921      0.873
13     17     1  0.6957  0.0959      0.46564      0.842
18     14     1  0.6460  0.1011      0.41395      0.805
23     13     2  0.5466  0.1073      0.31925      0.726
27     11     1  0.4969  0.1084      0.27557      0.684
30      9     1  0.4417  0.1095      0.22738      0.637
31      8     1  0.3865  0.1089      0.18284      0.587
33      7     1  0.3313  0.1064      0.14183      0.535
34      6     1  0.2761  0.1020      0.10444      0.480
43      5     1  0.2208  0.0954      0.07100      0.422
45      4     1  0.1656  0.0860      0.04211      0.360
48      2     1  0.0828  0.0727      0.00696      0.287
```

Kaplan-Meier curve는 `plot()`을 이용해서 그린다(그림 21.1).

```
> plot(out)
```

가운데 선이 Kaplan-Meier curve이고 옆의 두 점선은 95% 신뢰구간이다. 이 신뢰구간을 없애려면 "`conf.int=FALSE`"를 추가한다.

```
> plot(out,conf.int=FALSE)
```

`aml` 데이터의 또 다른 변수 `x`는 환자가 항암 치료를 받았는지 아닌지를 알려준다. 항암 치료를 받은 환자(`x`="`Maintained`")와 받지 않은 환자(`x`="`Nonmaintained`")의 생존곡선의 차이가 있는지를 보려면 변수 `x`를 그룹변수로 사용하여 `y ~ x`를 사용한다.

```
> out.x = survfit(Surv(time, status==1) ~ x, conf.type="log-log", data=aml)
> plot(out.x, lty=1:2, col=c("red","blue"))
```

`lty=1:2`, `col=c("red","blue")`를 이용하여 두 생존곡선을 구분했다. `lty`는 1(실선), 2(점선), `col`는 `red`, `blue` 순서로 지정되었고, `x`의 알파벳 순서는 "`Maintained`", "`Nonmaintained`" 임을 주목하자. 그림 21.2은 이 순서대로 빨간 실선은 "`Maintained`", 파란 점선은 "`Nonmaintained`" 이다. 항암 치료를 받은 환자들(`Maintained`)의 생존확률이 항암 치료를 받지 않은 환자들(`Nonmaintained`)에 비해 확연히 높다.

그림 21.1: Kaplan-Meier Curve

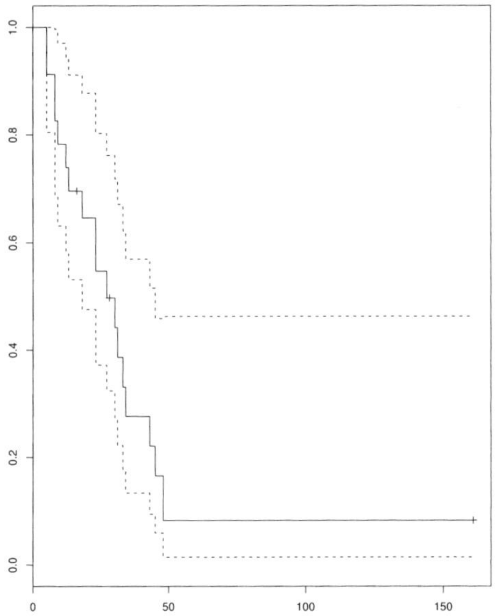

그림 21.2: Kaplan-Meier Curve

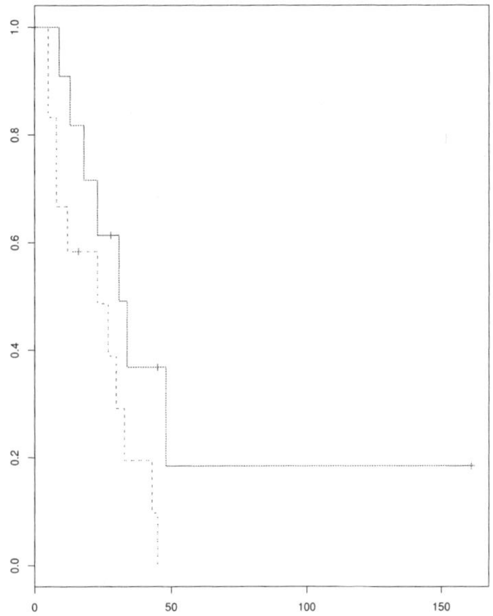

Log-rank test

그림 21.2에서 항암 치료를 받은 환자들의 생존확률이 항암 치료를 받지 않은 환자들에 비해 모든 구간에 걸쳐 높다. 이 차이가 통계적으로 유의한지 `survdiff()`를 이용하여 log-rank test를 할 수 있다.

```
> survdiff(Surv(time, status==1) ~ x, data=aml)
Call:
survdiff(formula = Surv(time, status == 1) ~ x, data = aml)

                 N Observed Expected (O-E)^2/E (O-E)^2/V
x=Maintained    11        7    10.69      1.27      3.40
x=Nonmaintained 12       11     7.31      1.86      3.40

 Chisq= 3.4  on 1 degrees of freedom, p= 0.0653
```

χ^2(df=1)=3.4이고 p-value가 **0.0653**로 0.05보다는 약간 크지만 상당히 의미 있음을 알려준다.

Cox Regression

Cox regression은 log-hazard를 회귀분석처럼 선형모형화하여 위험함수 $h(t)$를 추정한다. `coxph()`를 사용한다.

```
> summary(coxph(Surv(time,status==1) ~ x, data=aml))
Call:
coxph(formula = Surv(time, status == 1) ~ x, data = aml)

  n= 23, number of events= 18

                 coef exp(coef) se(coef)     z Pr(>|z|)
xNonmaintained 0.9155    2.4981   0.5119 1.788   0.0737 .
---
Signif. codes:  0 '***' 0.001 '**' 0.01 '*' 0.05 '.' 0.1 ' ' 1

               exp(coef) exp(-coef) lower .95 upper .95
xNonmaintained     2.498     0.4003    0.9159     6.813

Concordance= 0.619  (se = 0.073 )
Rsquare= 0.137   (max possible= 0.976 )
Likelihood ratio test= 3.38  on 1 df,   p=0.07
Wald test            = 3.2  on 1 df,   p=0.07
Score (logrank) test = 3.42  on 1 df,   p=0.06
```

항암 치료를 받지 않은 그룹(`Nonmaintained`)을 항암 치료를 받은 그룹(`Maintained`)과 비교한 hazard ratio `exp(coef)`는 **2.498**이다. 즉 항암 치료를 받지 않은 그룹이 받은 그룹에 비해 **순간사망위험**(**hazard**)이 **2.498**배 높다. 이 결과는 통계적으로 유의하지는 않지만 상당히 의미가 있다(p-value=**0.074**).

21.4 예 2

폐암 환자들의 생존 데이터인 `lung`을 보자. 꼭 필요한 두 변수, 생존시간(`time`), 절단정보(`status`)가 포함되어 있음을 확인하자.

```
> lung
    inst time status age sex ph.ecog ph.karno pat.karno meal.cal wt.loss
```

```
1      3  306     2  74   1      1       90       100     1175      NA
2      3  455     2  68   1      0       90        90     1225      15
3      3 1010     1  56   1      0       90        90       NA      15
4      5  210     2  57   1      1       90        60     1150      11
5      1  883     2  60   1      0      100        90       NA       0
.
.
227    6  174     1  66   1      1       90       100     1075       1
228   22  177     1  58   2      1       80        90     1060       0
```

데이터 lung은 survival Library에 내장되어 있는 데이터이다. 다음과 같이 "?"로 lung에 대한 자세한 정보를 얻을 수 있다.

```
> ?lung
```

데이터 lung에 대한 설명을 보면 "status=1"은 censored를 "status=2"는 dead를 의미함을 알 수 있다.

21.5 분석과 해석: 예 2

Kaplan-Meier Curve

"status=2"는 dead이므로 Surv(time, status==2)를 종속변수로 이용한다.
이산형 변수인 sex(1=male, 2=female)는 연속형으로 입력되어 있으나 level이 둘인 경우 연속형으로 입력되어 있어도 상관없다. 그러나 level이 둘 이상인 경우 factor()를 사용하여 이산형으로 바꿔주어야 한다.

plot(y ~ sex)을 이용하여 각 sex의 Kaplan-Meier curve를 얻는다(그림 21.3). 순서대로 "red"는 1=male, "bluc"는 2−female이다.

```
> out.sex = survfit(Surv(time, status==2) ~ sex, conf.type="log-log", data=lung)
> plot(out.sex, lty=1:2, col=c("red","blue"))
```

age는 연속형 변수이므로 age 그룹별로 Kaplan-Meier Curve를 그려 survival function을 비교하려면 age를 이산형 변수로 만들어줘야 한다. 아래 명령어는 age가 median보다 큰 그룹은 TRUE(1), median보다 작은 그룹은 FALSE(0)을 주어 age2로 저장한다.

그림 21.3: Kaplan-Meier Curve: sex

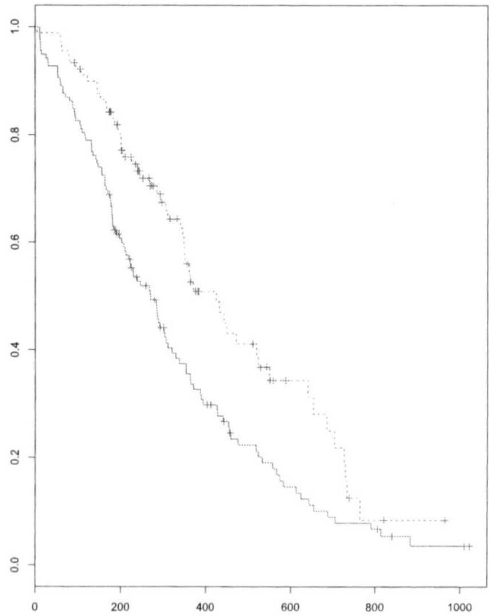

그림 21.4: Kaplan-Meier Curve: age

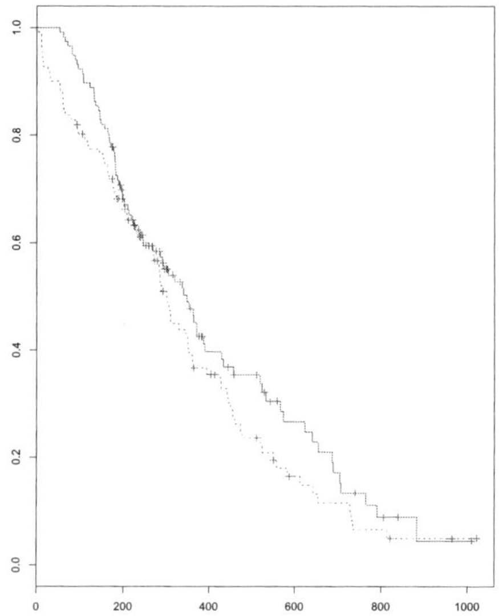

```
> age2 = (lung$age > median(lung$age))
> age2
  [1]  TRUE  TRUE FALSE FALSE FALSE  TRUE  TRUE  TRUE FALSE FALSE
 [11] FALSE  TRUE  TRUE FALSE FALSE  TRUE  TRUE FALSE FALSE FALSE
   .
   .
[221]  TRUE  TRUE  TRUE  TRUE FALSE  TRUE  TRUE FALSE
```

다음 명령어를 실행하면 age2에서 FALSE(0)가 TRUE(1)보다 작기 때문에 나이(age)가 적은 그룹이 실선(red), 큰 그룹이 점선(blue)인 Kaplan-Meier Curve를 얻는다(그림 21.4).

```
> out.age = survfit(Surv(time, status==2) ~ age2, conf.type="log-log", data=lung)
> plot(out.age, lty=1:2, col=c("red","blue"))
```

아래와 같이 age2자리에 age2의 정의를 넣어주면 새로운 변수 age2를 생성하는 번거로움을 피할 수 있다. data=lung이 있어서 “lung$”를 생략할 수 있다.

```
> out.age = survfit(Surv(time,status==2) ~ (age>median(age)), data=lung)
```

Log-rank Test

남녀의 생존함수 차이는 `survdiff()`를 이용하여 다음과 같이 검증한다.

```
> survdiff(Surv(time,status==2) ~ sex, data=lung)
Call:
survdiff(formula = Surv(time, status == 2) ~ sex, data = lung)

        N Observed Expected (O-E)^2/E (O-E)^2/V
sex=1 138      112     91.6      4.55      10.3
sex=2  90       53     73.4      5.68      10.3

 Chisq= 10.3  on 1 degrees of freedom, p= 0.00131
```

남녀의 생존함수에 유의한 차이가 있다(p=**0.00131**).

Cox Regression

Cox regression에 `sex`를 넣어 적합시켜보자.

```
> out = coxph(Surv(time, status==2) ~ sex, data=lung)
> summary(out)
Call:
coxph(formula = Surv(time, status == 2) ~ sex, data = lung)

  n= 228, number of events= 165

       coef exp(coef) se(coef)      z Pr(>|z|)
sex -0.5310    0.5880   0.1672 -3.176  0.00149 **
---
Signif. codes:  0 '***' 0.001 '**' 0.01 '*' 0.05 '.' 0.1 ' ' 1

    exp(coef) exp(-coef) lower .95 upper .95
sex     0.588      1.701    0.4237     0.816

Concordance= 0.579  (se = 0.022 )
Rsquare= 0.046   (max possible= 0.999 )
```

```
Likelihood ratio test= 10.63  on 1 df,   p=0.001
Wald test            = 10.09  on 1 df,   p=0.001
Score (logrank) test = 10.33  on 1 df,   p=0.001
```

위의 결과물에서 남자(sex=1)를 reference로 한 여자(sex=2)의 hazard ratio는 exp(coef) =**0.588**로 유의하다(p-value=**0.00149**). 여자를 reference로 한 남자의 hazard ratio는 exp(-coef)=**1.701**로 exp(coef)의 역수인 1/0.588이다.

age와 sex를 동시에 넣고 모형을 적합시켜보자.

```
> out2 = coxph(Surv(time, status==2) ~ age+sex, data=lung)
> summary(out2)
Call:
coxph(formula = Surv(time, status == 2) ~ age + sex, data = lung)

  n= 228, number of events= 165

         coef exp(coef)  se(coef)      z Pr(>|z|)
age  0.017045  1.017191  0.009223  1.848  0.06459 .
sex -0.513219  0.598566  0.167458 -3.065  0.00218 **
---
Signif. codes:  0 '***' 0.001 '**' 0.01 '*' 0.05 '.' 0.1 ' ' 1

    exp(coef) exp(-coef) lower .95 upper .95
age    1.0172     0.9831    0.9990    1.0357
sex    0.5986     1.6707    0.4311    0.8311

Concordance= 0.603  (se = 0.026 )
Rsquare= 0.06   (max possible= 0.999 )
Likelihood ratio test= 14.12  on 2 df,   p=9e-04
Wald test            = 13.47  on 2 df,   p=0.001
Score (logrank) test = 13.72  on 2 df,   p=0.001
```

age의 hazard ratio가 **1.017191**로 유의하지 않지만 의미가 있고(p-value=**0.06459**), 남자에 대한 여자의 hazard ratio가 **0.598566**로 유의하다(p-value=**0.00218**).

anova()를 이용하여 두 모형을 비교할 수 있다.

```
> anova(out,out2)
Analysis of Deviance Table
 Cox model: response is  Surv(time, status == 2)
 Model 1: ~ sex
 Model 2: ~ age + sex
   loglik  Chisq Df P(>|Chi|)
1 -744.59
2 -742.85 3.4895  1   0.06176 .
```

anova()는 Cox regression의 모형을 비교할 때 LRT(likelihood ratio test)를 사용한다. age의 p-value는 **0.06176**로 유의하지 않지만 0.05에 가까우므로 의미가 있다.

21.6 연습

lung을 이용하여 11장에서와 같이 모든 설명변수를 넣고 하나씩 제거하는 backward elimination으로 Cox regression을 돌리고 적절한 모형을 선택해보라.

제 22 장

검정력(Power)과 표본 크기(Sample Size)

모집단에서 보다 많은 수의 표본을 추출할수록 표본이 모집단을 대표하는 정도가 높아져 검정의 정확성이 높아진다. 적은 수의 표본은 모집단을 대표하는 정도가 낮아지고 같은 크기의 표본을 뽑을 때마다 검정통계량의 값이 들쑥날쑥 해진다. 즉 검정통계량의 분산이 커진다. 그래서 적은 수의 표본을 사용하면 검정통계량의 신뢰성이 떨어진다.

표본 크기는 크면 클수록 좋다. 많은 표본을 사용할수록 검정력이 커져 작은 차이라도 잘 기각하기 때문이다. 그러나 실험이나 설문조사에서 비용은 표본 크기에 비례한다. 그러므로 한정된 예산으로 원하는 결과를 얻기 위해서는 유의한 결과를 얻을 가능성이 높은 최소한의 표본 크기를 실험 전에 미리 계획해야 한다.

표본 크기는 공식에서 얻어진다. 필요한 사전 정보가 없으면 표본 크기를 구할 수 없다. 이 사전 정보에는 유의수준, 검정이 단측인지 양측인지, 기각하고자 하는 차이, 검정력 등이 포함된다. 유의수준은 보통 0.05이고 양측검정이 보통이다. 그러므로 기각하고자 하는 차이, 얻고 싶은 검정력등을 미리 알아야 한다.

기각하고자 하는 차이는 실험을 하기 전에 알기 어렵다. 그러므로 이 값은 보통 파일럿 스터디(pilot study)나 기존의 실험에서 얻는다. 검정력은 높으면 높을수록 좋지만 그러기 위해서는 더 많은 표본이 필요하므로 보통 80% 정도로 잡고 예산에 따라 조금 올리기도 하고 내리기도 한다. 표본수와 검정력, 기각하고자 하는 차이, 표준편차, 유의수준은 아래와 같은 관계를 갖는다.

표본 크기	비례	검정력(power)
	반비례	기각하고자 하는 차이(effect size)
	비례	표준편차(standard deviation)
	반비례	유의수준(level of significance, α)

이 장에서는 가장 많이 쓰이는 t-test, one-way ANOVA, 두 비율의 차이 검정을 할 때 표본 크기를 얻는 방법을 소개하겠다.

t-test	`power.t.test()`
one-way ANOVA	`power.anova.test()`
두 비율의 차이 검정	`power.prop.test()`

22.1 Paired T-Test

paired t-test로 가설검정한 어느 연구결과에서 적은 표본 크기로 인하여 유의한 결과를 얻는데 실패하여 표본 크기를 늘려 재실험 하고자 한다. 이전 실험에서 얻은 차이의 표준편차가 7.16, 기각하고자 하는 차이가 5, 80%의 검정력(power)을 얻기 위한 표본 크기를 구해보자.

power.t.test()

`power.t.test()`에 `type="paired"`라는 옵션을 추가하고 `sd`에 차이의 표준편차를 넣어준다.

```
> power.t.test(delta=5, sd=7.16, power=0.8, type="paired")

     Paired t test power calculation

              n = 18.10947
          delta = 5
             sd = 7.16
      sig.level = 0.05
          power = 0.8
    alternative = two.sided
```

```
NOTE: n is number of *pairs*, sd is std.dev. of *differences* within pairs
```

추정된 표본 크기가 n=18.10947로 19보다 18에 훨씬 가깝다. 그렇다고 n=18의 표본을 사용하면 검정력이 0.8보다 살짝 작아지므로, 검정력이 꼭 0.8보다 크거나 같아야 한다면 n=19를 사용해야 한다.

More Power

예산이 충분해서 최소한 90%의 검정력을 얻기 원한다면 n=24의 표본이 필요하다.

```
> power.t.test(delta=5, sd=7.16, power=0.9, type="paired")

     Paired t test power calculation

              n = 23.55185
          delta = 5
             sd = 7.16
      sig.level = 0.05
          power = 0.9
    alternative = two.sided

NOTE: n is number of *pairs*, sd is std.dev. of *differences* within pairs
```

One-Sided Test

양측검정대신 단측검정을 하고 싶다면 **alter="one.sided"**를 추가한다.

```
> power.t.test(delta=5, sd=7.16, power=0.8, alter='one.sided', type="paired")

     Paired t test power calculation

              n = 14.13341
          delta = 5
             sd = 7.16
      sig.level = 0.05
```

```
        power = 0.8
  alternative = one.sided

NOTE: n is number of *pairs*, sd is std.dev. of *differences* within pairs
```

유의수준 α

유의수준은 보통 0.05이나 0.01로 바꿔주고 싶으면 **sig.level**=0.01를 추가한다.

```
> power.t.test(delta=5, sd=7.16, power=0.8, sig.level=0.01, type="paired")

     Paired t test power calculation

              n = 27.3205
          delta = 5
             sd = 7.16
      sig.level = 0.01
          power = 0.8
    alternative = two.sided

NOTE: n is number of *pairs*, sd is std.dev. of *differences* within pairs
```

Power 계산하기

`power.t.test()`에 표본 크기를 지정하여 얻을 수 있는 검정력을 추정할 수 있다. $n = 19$ 대신 18을 사용하여 얻을 수 있는 검정력이 얼마인지 알아보자. `power.t.test()`에서 power를 빼고 n=18으로 입력한다. 얻어진 power=0.7973123는 0.8에 조금 모자란다.

```
> power.t.test(n=18, delta=5, sd=7.16, type="paired")

     Paired t test power calculation

              n = 18
          delta = 5
             sd = 7.16
```

```
      sig.level = 0.05
          power = \fbox{0.7973123}
    alternative = two.sided

NOTE: n is number of *pairs*, sd is std.dev. of *differences* within pairs
```

22.2 Two-Sample T-Test

two-sample t-test에서도 `power.t.test()`를 이용하여 표본 크기를 구한다. paired t-test에서는 `sd`에 차이의 표준편차를 지정하였으나, two-sample t-test에서는 `sd`에 에러(error 또는 residual) 표준편차를 지정한다.

```
> power.t.test(delta=2,sd=1.2,power=0.8)

     Two-sample t test power calculation

              n = 6.76095
          delta = 2
             sd = 1.2
      sig.level = 0.05
          power = 0.8
    alternative = two.sided

 NOTE: n is number in *each* group
```

각 그룹에 n=7이 필요하므로 실제로는 n=14가 필요하다.

22.3 One-Way ANOVA

one-way ANOVA에서는 `power.anova.test()`를 이용하여 표본 크기를 구한다. 그룹이 3개이고, 그룹 내 분산(within-group variance) σ^2=1.5, 그룹 간 분산(between-group variance) σ_G^2=2라면 각 그룹당 n=5의 표본 크기가 필요하다.

```
> power.anova.test(groups=3, between.var=2, within.var=1.5, power=.8)

     Balanced one-way analysis of variance power calculation

         groups = 3
              n = 4.767866
    between.var = 2
     within.var = 1.5
      sig.level = 0.05
          power = 0.8

 NOTE: n is number in each group
```

Between/Within-group variance

one-way ANOVA에서 between/within-group variance는 분산분석표에서 구할 수 있는데, 그룹 내 분산(within-group variance)은 Residuals의 mean square error인 0.3886으로 오차의 분산 σ^2이고, 그룹 간 분산(between-group variance)은 group의 mean square error인 1.8832로 보통 σ_G^2로 표기한다.

```
> out = lm(weight ~ group, data=PlantGrowth)
> anova(out)
Analysis of Variance Table

Response: weight
          Df  Sum Sq Mean Sq F value  Pr(>F)
group      2  3.7663  1.8832  4.8461 0.01591 *
Residuals 27 10.4921  0.3886
```

22.4 두 비율의 차이 검정

두 비율의 차이를 검정할 때 표본 크기는 `power.prop.test()`를 이용하여 구한다. 첫 번째 그룹의 비율이 0.25, 두 번째 그룹의 비율이 0.5라는 사전 정보가 있고 70%의 검정력을 얻고 싶다면 각 그룹당 n=46의 표본 크기가 필요하다.

```
> power.prop.test(p1=0.25, p2=0.5, power=0.7)

     Two-sample comparison of proportions power calculation

              n = 45.63026
             p1 = 0.25
             p2 = 0.5
      sig.level = 0.05
          power = 0.7
    alternative = two.sided

NOTE: n is number in *each* group
```

22.5 참고

이 장에서는 R에서 기본적으로 제공되는 검정력, 표본 크기 계산을 위한 함수들을 소개했다. 좀더 다양한 표본 크기 계산 방법은 패키지 “pwr”을 설치하여 이용하기 바란다.

```
install.packages("pwr")
library(pwr)
```

참고 문헌

Dalgaard, Peter (2008). *Introductory Statistics with R* (2nd ed.). New York: Springer.

McCullagh, Peter and Nelder, J. A. (1989). *Generalized Linear Models* (2nd ed.), London: Chapman and Hall.

R Development Core Team (2010). *R: A language and environment for statistical computing.* Vienna: R Foundation for Statistical Computing.
URL `http://www.R-project.org`.

Stokes, Maura E., Davis, Charles S., and Koch, Gary G. (2000). *Categorical Data Analysis Using The SAS System* (2nd ed.). Cary: SAS Publishing.

Walker, Glenn and Shostak, Jack (2010). *Common Statistical Methods for Clinical Research with SAS Examples* (3rd ed.). Cary: SAS Publishing.